DeepSeek快速上手

李强 编著

人民邮电出版社
北京

图书在版编目（CIP）数据

DeepSeek 快速上手 / 李强编著. -- 北京 : 人民邮电出版社, 2025. -- ISBN 978-7-115-57587-6

Ⅰ. TP18

中国国家版本馆 CIP 数据核字第 2025DZ8233 号

内 容 提 要

DeepSeek是一种生成式人工智能（Artificial Intelligence，AI）大模型，擅长处理复杂任务，具有训练效率高、成本低、性能强、开源等优势，吸引了全世界的关注。本书是写给DeepSeek初学者的快速上手实践指南。本书通过项目实例进行讲解，手把手地教读者如何使用DeepSeek。

本书共6章，首先对DeepSeek进行概述，包括其成长路线、优势、技术原理、应用场景、应用方式等；其次讲解如何为DeepSeek写提示词，包括结构化提示词、提示词的写作陷阱和优化技巧；接着介绍DeepSeek的高级使用方法，包括用Coze和DeepSeek搭建智能体、调用DeepSeek API进行AI编程、在本地计算机中安装部署DeepSeek、为DeepSeek构建个人知识库。

本书不仅适合想要使用DeepSeek的基础对话功能的读者阅读，还适合想要学习基于DeepSeek搭建智能体、通过API调用和本地化部署实现任务自动化的专业程序员阅读。

◆ 编　　著　李　强
　责任编辑　龚昕岳
　责任印制　焦志炜

◆ 人民邮电出版社出版发行　　北京市丰台区成寿寺路 11 号
　邮编　100164　　电子邮件　315@ptpress.com.cn
　网址　https://www.ptpress.com.cn
　北京瑞禾彩色印刷有限公司印刷

◆ 开本：880×1230　1/32
　印张：5.25　　2025 年 4 月第 1 版
　字数：119 千字　　2025 年 4 月北京第 1 次印刷

定价：59.80 元

读者服务热线：(010)81055410　印装质量热线：(010)81055316
反盗版热线：(010)81055315

推荐序

2025 年初，DeepSeek 凭借其训练效率高、成本低、性能强大和开源等优势，吸引了全世界的关注，刷新了大众对 AI 的认知。

作为一款国产 AI，DeepSeek 在理解中文文本、处理中文任务方面极具优势，非常适合 AI“小白”学习和使用。DeepSeek 不仅能为我们的生活、学习、工作“减负”，还能借助 AI 的力量将无数创意和想法转化为现实，为创新的灵感插上飞翔的“翅膀”。

本书是为 DeepSeek 初学者量身打造的实践指南，通过轻松易懂的方式介绍 DeepSeek 的使用方法和技巧。无论是大学生、上班族，还是小学生、银发族，都能通过本书快速上手 DeepSeek。

针对 DeepSeek 的基础对话功能，本书详细讲解了结构化提示词的写作方法、10 种提示词陷阱、19 种优化技巧，并提供 43 个提示词示例，涵盖文字创作、方案策划、生活管理、办公辅助、教育辅导、商业分析等众多应用场景。

此外，本书还手把手地带领读者实践 DeepSeek 的智能体搭建、

API 调用、AI 编程、本地化部署、个人知识库构建等高级用法，通过分步骤的详细讲解，让零基础读者也能利用 DeepSeek 实现任务自动化。

翻开本书，让 DeepSeek 带你进入 AI 新世界！

百万粉丝公众号“码小辫”主理人

前　言

2025年1月20日，幻方量化旗下AI公司深度求索（DeepSeek）发布了DeepSeek-R1，其性能媲美OpenAI o1。随后，DeepSeek App的全球下载量激增，在苹果App Store免费下载榜排名第一。2025年2月1日，DeepSeek日活用户突破3000万大关，成为史上最快达成这一成就的应用。

DeepSeek向世人展示了人工智能技术的“东方神秘力量”，大大提振了我国AI研究者的士气和信心。一时之间，DeepSeek被誉为“国产之光”。DeepSeek的创业经历、技术路径、创新故事，也为大家所津津乐道。

DeepSeek-R1发布后，迅速引发了大众学习和研究DeepSeek的热潮。一时之间，网络上出现了大量的DeepSeek学习资源，各大技术媒体排满了DeepSeek相关技术研讨的直播。这反映出人们了解和学习DeepSeek的迫切需求和热情。

当前，网络上关于DeepSeek的相关学习资料已有不少，但系统介绍 DeepSeek 的技术特点、使用技巧、安装部署和开发的还不多。为了给广大读者提供简单易学、快速上手的学习资料，我编写了这本简单明了、能够让读者快速动手实践的 DeepSeek 使用指南。

本书内容结构

本书共分 6 章，各章主要内容如下。

第 1 章“这就是 DeepSeek”，帮助读者初步认识 DeepSeek。本章首先介绍 DeepSeek 是什么，它的成长路线、优势、技术创新点，然后从个人用户和企业用户的角度分别介绍可以使用 DeepSeek 做些什么，最后总结 DeepSeek 的使用方式和工作模式。

第 2 章“提示词工程”，介绍提示词的相关知识，包括结构化提示词的写作方法，10 种常见的提示词写作陷阱，以及提示词优化技巧，帮助读者通过提示词提升使用 DeepSeek 的效率和效果。

第 3 章“用 Coze 和 DeepSeek 搭建智能体”，介绍如何在 Coze 平台利用 DeepSeek 搭建智能体（Agent），并实现一个自动生成宣传标语的智能体实例。本章在讲解动手操作的过程中，穿插介绍了智能体和工作流的概念。

第 4 章“调用 DeepSeek API 进行 AI 编程”，介绍如何以调用 API 的方式来使用 DeepSeek，并基于 VS Code 和 AI 插件 Cline 实现两个 AI 编程的应用案例（自动生成一个类似 DeepSeek 的网页版程序、Python 代码补全）。

第 5 章“DeepSeek 本地化安装部署”，介绍如何将 DeepSeek-R1 部署到本地计算机中，以及如何使用 AI 交互界面工具 Chatbox

AI，以便随时随地、随心所欲地在本地使用 DeepSeek。

第 6 章“为 DeepSeek 构建个人知识库”，介绍如何在本地构建个人知识库，并将 DeepSeek 与个人知识库结合，利用 RAG 技术实现一个智能客服系统，最后通过 3 个问答示例展示该系统的应用效果。

本书读者对象

本书是写给 DeepSeek 初学者的快速上手实践指南。想要认识和了解 DeepSeek，使用 DeepSeek 的对话、搜索和推理功能的读者，以及想要初步掌握基于 DeepSeek 搭建智能体、通过 API 调用和本地化部署实现任务自动化的专业程序员，都可以通过本书学到所需的知识和技能。

在编写本书的过程中，我特意避免追求大而全，而是力求让读者能够快速掌握 DeepSeek 的原理及必备的应用和开发技能。本书围绕 DeepSeek 的不同使用方法，按照从易到难的顺序来编排内容，以实例为驱动，重视动手实操。读者按照顺序阅读和学习本书内容，可以快速掌握 DeepSeek 的应用和开发方法。

作者寄语

DeepSeek 给大模型带来了新的冲击和机遇！同时，我们要认识到，DeepSeek 本身也是一个大模型，其技术迭代和更新速度很快。希望本书能够帮助读者快速入门 DeepSeek。同时，随着 DeepSeek 版本的不断迭代更新，我们需要不断地学习和掌握新的知识和技能，而这些是本书无法在有限的篇幅内全部覆盖的，需要读者持续学习和实践。

限于本书篇幅和作者水平，书中难免有不足之处，希望读者多多指正。如有任何疑问，可以通过 reejohn@sohu.com 与我沟通、交流。期待和你在 AI 的道路上共同进步！

李强

2025 年 3 月

目 录

01 第1章 这就是DeepSeek

02 第2章 提示词工程

03 第3章 用Coze和DeepSeek搭建智能体

04 第4章 调用DeepSeek API进行AI编程

05

第5章 DeepSeek本地化安装部署

06

第6章 为DeepSeek构建个人知识库

第1章 这就是 DeepSeek

DeepSeek是一家专注于通用人工智能（Artificial General Intelligence，AGI）的中国科技公司，成立于2023年7月17日，主攻大模型研发与应用。其推出的同名大模型产品DeepSeek，实现了高效的训练，显著降低了成本，且开源可定制。DeepSeek大模型的出现，改变了技术界乃至整个社会对大模型的看法，引发了广泛的关注。

2025年1月20日，DeepSeek公司正式发布了DeepSeek-R1模型并同步开源了模型参数及权重。DeepSeek-R1擅长处理复杂任务，性能媲美OpenAI o1，而且可免费商用。DeepSeek-R1遵循MIT License，允许用户通过知识蒸馏技术利用DeepSeek-R1训练其他模型。对于用户来说，DeepSeek-R1就像一个“聪明且省钱”的AI大脑，能帮助用户处理各种复杂任务（如智能对话、分析文档、推荐商品），而且比同类产品更快、更便宜、更灵活。

1.1 DeepSeek 的成长路线

我们先来梳理一下 DeepSeek 公司的一些重要事件和 DeepSeek 大模型的重要版本，这有助于我们了解其技术成长路线。

DeepSeek 发展过程中的重要事件和版本如表 1-1 所示。

表 1-1 DeepSeek 发展过程中的重要事件和版本

时间	事件
2023 年 7 月 17 日	DeepSeek 公司由幻方量化投资成立，专注于开发高效、高性能的生成式大语言模型（LLM）和相关技术
2023 年 11 月 29 日	推出参数规模达 670 亿的通用大模型 DeepSeek LLM
2024 年 5 月 6 日	发布第二代开源混合专家（Mixture of Experts，MoE）架构模型 DeepSeek-V2，其总参数达 2360 亿
2024 年 12 月 26 日	正式发布 DeepSeek-V3 且直接开源，其总参数达 6710 亿，采用创新的 MoE 架构和 FP8 混合精度训练，训练成本进一步降低
2025 年 1 月 20 日	发布全新的推理模型 DeepSeek-R1 并开源，其性能媲美 OpenAI o1，而其 API 价格远低于 OpenAI o1 的 API 价格
2025 年 1 月 26 日	DeepSeek 登顶苹果 App Store 免费下载榜，超越 Google Gemini 和 Microsoft Copilot 等产品，引发全球用户使用、研究和讨论的热潮
2025 年 1 月 31 日	英伟达宣布 DeepSeek-R1 模型登陆 NVIDIA NIM，亚马逊和微软也宣布接入 DeepSeek-R1 模型

DeepSeek 的火热，让全世界见证了 AI 的“东方神秘力量”，大大提振了我国 IT 技术圈的士气，被称为大模型“国产之光”。

1.2 DeepSeek 的优势

和传统的大语言模型相比，DeepSeek 有哪些特点和优势，让它赢得了广大用户和国内外厂商的青睐呢?

概括起来，DeepSeek 有以下几个特点，也是其显著的优势。

1. 性能优势

DeepSeek-V3 体现出多项性能提升。根据 DeepSeek 的官方文档，DeepSeek-V3 的多项评测成绩超越了 Qwen2.5-72B 和 Llama-3.1-405B 等其他开源模型，并在性能上与世界顶尖的闭源模型 GPT-4o 及 Claude-3.5-Sonnet 不分伯仲。

DeepSeek-R1 在后训练阶段大规模使用了强化学习技术，在仅有极少标注数据的情况下，极大提升了模型推理能力。在数学、编程、自然语言推理等领域，DeepSeek-R1 的性能比肩 OpenAI o1 正式版。

用户能够从多个方面感受到 DeepSeek 的性能优越性，例如 DeepSeek 在处理复杂任务和提供个性化建议方面具有显著优势，DeepSeek 在自然语言理解和推理方面的能力也非常强大。在客户服务领域，DeepSeek 能够精准识别客户的不同需求，并提供相应的解决方案。DeepSeek 的推理能力和适应性也很强，用户可以直接用自然语言与 DeepSeek 交流，无须复杂的提示词，这使用户体验更加自然和流畅。

正是基于这些性能优势，DeepSeek 才能够在较短的时间内引发大量企业用户的接入和个人用户的下载、体验。

2. 成本优势

DeepSeek 通过技术架构的创新，大大降低了训练成本。DeepSeek-V3 模型的训练成本仅为 557.6 万美元，相比之下，Meta 的 Llama-3.1 模型的训练成本超过 6000 万美元，而 OpenAI 的 GPT-4 模型的训练成本约为 1 亿美元。DeepSeek 通过使用英伟达 H800 GPU 集群进行训练，显著降低了训练成本。

此外，DeepSeek 在 API 服务定价方面极具竞争优势。DeepSeek-R1 的 API 服务定价为每百万输入 tokens 1 元（缓存命中）/ 4 元（缓存未命中），每百万输出 tokens 16 元，而 OpenAI 的 GPT-4o 模型的上述三项服务的定价分别为 1.25 美元、2.5 美元和 10 美元[1]。低廉的 API 价格使得 DeepSeek 在市场上具有明显的成本优势。

3. 开源优势

DeepSeek 一开始就秉承开源的初衷。2023 年 11 月 2 日，DeepSeek Coder 作为 DeepSeek 的第一个开源模型发布。此后的 DeepSeek 大模型都是发布即开源。这种策略既推动了 AI 技术的普及和发展，也客观上帮助 DeepSeek 快速进入并占领市场，获得更多的关注。作为大模型领域的后来者，DeepSeek 采取开源的策略是一种非常明智的做法。

4. 本土化优势

作为中国的人工智能模型，DeepSeek 在理解和处理中文文本及

1　这里列出的 DeepSeek 和 GPT-4o 的 API 服务定价为 2025 年 3 月 6 日的官网定价，未来价格以官方为准。

中华文化背景的任务时具有天然的优势。它能够更好地理解中文的语义、语法和文化内涵，对于中国用户的需求和问题能够给出更贴切、更准确的回答。

作为“全球新秀”惊艳亮相之后，DeepSeek 很有可能成为“本土王者”。DeepSeek 的出现展现了我国的科技力量，也体现了我国大力推动创新的趋势和成果。各大 IT 企业、电信运营商等陆续在各自的产品和应用场景中接入 DeepSeek。中小企业和个人用户就更不用说了，纷纷拥抱这一高性能、低成本、零门槛的大模型。

1.3 DeepSeek 的技术原理

DeepSeek 是一款基于 Transformer 神经网格架构的大模型，它结合了自然语言处理、机器学习等先进技术，同时也有自己的技术创新。

1.3.1 DeepSeek 的技术创新

本节主要介绍 DeepSeek 的一些显著的技术创新点，并用通俗易懂的解释和比喻，帮助读者对这些复杂的技术创新有一个初步认识。了解了这些技术创新点的基本原理，我们就更容易理解为什么 DeepSeek 相对于其他大模型在技术上更有优势了。

1. 混合专家架构

DeepSeek 通过采用混合专家（Mixture of Experts，MoE）架构改进了 Transformer 架构，提升了大规模模型训练中的性能和效率，大大降低了计算成本。

MoE 架构由多个“专家”组成，每个专家擅长处理不同的任务。MoE 架构会根据输入数据的特点，动态选择最合适的专家来处理任务。

想象你有这样一个团队，其中包括不同领域的专家——数学家、语言学家、艺术家等。当你遇到一个问题时，这个团队会根据问题的特点和所涉及的领域，自动分配最合适的专家来处理问题。比如，遇到数学题就交给数学家，遇到语言问题就交给语言学家。这样一来，团队的工作效率非常高，而且每个人都能发挥自己的专长。MoE 架构的工作原理也是类似的，模型会根据任务的特点选择最合适的“专家”来处理任务。

2. 知识蒸馏与模型压缩

为了进一步降低计算需求，DeepSeek 采用了知识蒸馏（Knowledge Distillation）与模型压缩（Model Compression）技术，将大规模模型的能力压缩到更小规模的模型中。

知识蒸馏技术是由诺贝尔奖得主 Geoffrey Hinton 等人于 2015 年提出。知识蒸馏的基本思路是通过训练一个较小的模型（学生模型）来模仿一个大型的、已经训练好的模型（教师模型），从而以更低的计算成本实现近似的性能。知识蒸馏本质上是一种模型压缩技术，由大模型得到小模型的这个过程，就实现了模型压缩。

想象你有一本厚厚的近 1000 页的考前复习资料。在复习的过程中，你的指导老师对这本复习资料中的要点、主要题型、解题方法等作了进一步的提炼，将篇幅压缩到了 200 多页。通过这 200 多页精简的复习资料，你仍然能够掌握主要知识点，复习备考的效果和使用 1000 页的复习资料的效果差别不大，并且也取得了不错的考试成绩。

3. 强化学习

DeepSeek 在模型训练中广泛应用强化学习（Reinforcement Learning，RL）和奖励工程，让模型获得推理能力，甚至表现出某种思维能力，达到了“令人难以置信的成效”。

强化学习是一种机器学习方法，不同于传统的监督学习和无监督学习，它不依赖固定的数据标签，而是让智能体在环境中不断尝试、学习并优化策略，最终获得最大化的奖励。强化学习通过试错和奖励机制来训练模型，使其在特定任务中，尤其是在推理和复杂问题解决方面，表现出色。

你玩过游戏《超级马力欧兄弟》[1]吧！这个游戏的机制就是强化学习最好的例子。在游戏中，马力欧吃到蘑菇后会马上变大，而且能够碰掉头顶的墙砖；如果继续吃到蘑菇，他就能发射子弹，消灭迎面而来的敌人。但一旦被敌人触碰到，他就会失去发射子弹的能力；再次碰到的话，还会缩小到原来的体格，甚至导致游戏结束。这种奖励和惩罚的机制，就是强化学习的基本策略。

4. 多头潜在注意力

DeepSeek 引入了多头潜在注意力（Multi-Head Latent Attention，MLA）机制，通过动态路由将输入数据分配给不同的专家网络。

1 《超级马力欧兄弟》是任天堂公司开发的系列游戏，也曾被译作《超级马里奥兄弟》。

多头潜在注意力是一种让模型从多个角度分析输入数据的技术。它不仅能充分关注数据的表面信息，还能深入挖掘数据背后的隐含特征。

想象你和几个朋友一起在规定的很短的时间内看同一幅画，每个人关注的内容和记忆的信息都不相同：一个人关注颜色，另一个人关注形状，还有一个人关注主题。显然，如果让一个人在有限的时间内同时记住所有这些信息是很难的，几乎无法做到准确无误；但如果让每个人分别记住某一方面的信息，就简单多了，正确率也更高。多头潜在注意力的原理也是类似的，模型从多个角度同时分析输入序列，最后把这些角度的结果综合起来，得到更全面的理解。

当然，DeepSeek 模型的技术创新不止以上这些，本节也不可能一一列举，但上述的技术创新是其中比较典型的，也是当前人工智能技术领域认可度较高的几个方面。我们相信，随着 DeepSeek 版本的持续迭代，还会有更多的创新性技术浮现出来。

1.3.2 DeepSeek-R1 和 GPT-4 的技术对比

我们来对 DeepSeek-R1 和 GPT-4 的技术做一个简单的对比（见表 1-2），以便更加清晰地了解 DeepSeek 的特点和优点。

表 1-2 DeepSeek-R1 和 GPT-4 的技术对比

技术	DeepSeek-R1	GPT-4
架构	混合专家（MoE）架构，动态路由专家网络	统一的 Transformer 架构，参数共享

续表

技术	DeepSeek-R1	GPT-4
注意力机制	多头潜在注意力（MLA）	多头注意力（Multi-Head Attention）
训练方法	稀疏化计算，旋转位置嵌入，分布式并行训练	大规模预训练，强化学习（RLHF）
计算效率	通过稀疏化和专家并行优化计算效率	依赖大规模计算资源，统一模型计算
任务适应性	动态路由专家网络，适用于多种任务	通用模型，适用于广泛任务

打个比方，DeepSeek-R1 就像一个超级团队，每个专家都有自己的专长，团队会根据任务的特点动态分配专家，发挥团队作战的优势，因此效率高且灵活；而 GPT-4 就像一个全能的天才，他什么都懂，但需要从头到尾一步一步地思考，适合处理通用任务，但所有的责任和重担都落在一个人肩上。

1.4 DeepSeek 能够做什么

了解了 DeepSeek 的基本情况和它的技术特点，那么我们能用 DeepSeek 做些什么有价值的事情呢?

1.4.1 DeepSeek 的个人应用

对于个人用户来说，DeepSeek 常见的应用功能包括如下几个方面。

1. 智能对话与问答

DeepSeek 能够与用户进行智能、流畅的对话，快速解答各类问题，包括科学知识、历史文化、生活常识和技术问题等。它不仅能给出准确答案，还能根据用户的追问深入拓展相关内容。从这方面来讲，DeepSeek 毫不逊色于 OpenAI 的 GPT-4。

2. 文字内容生成

DeepSeek 可以生成多种类型的文字内容，例如撰写新闻报道、学术论文、商业文案、小说故事，列出报告大纲、图书目录，撰写信件，生成广告语、社交媒体文案、剧本大纲等。

3. 文件处理和数据可视化

对于办公族来说，DeepSeek 是一个好帮手。DeepSeek 支持上传各类文件（如文献、报告、图片等），能够快速提取关键信息，帮助用户梳理重点。DeepSeek 支持数据处理、清洗、统计分析及可视化图表生成，能够将数据转化为直观的图表，如柱状图、折线图、饼图等。

4. 辅助编程

对于程序员来说，DeepSeek 是一个强大的工具和得力的帮手。它可用于代码生成、代码调试、代码分析、代码优化等。

5. 翻译与语言学习

DeepSeek 是一个好翻译，它提供准确流畅的翻译服务，支持多语言对话和语法纠正，帮助用户提升语言能力。

6. 智能解题

DeepSeek 可以解决理科难题，提供详细的解题思路和步骤，是学习的好帮手。

7. 个性化定制

DeepSeek 支持用户上传文件建立自定义知识库，提供更个性化的回答和建议。

当然，DeepSeek 的功能和应用远比上面列出的要多，而这主要取决于用户的需求和应用场景。你完全可以根据自己的需求，发挥想象，充分拓展 DeepSeek 的强大功能。

1.4.2 DeepSeek 的企业和行业应用

除了支持个人用户，DeepSeek 还支持商业应用和行业应用。下面列举几个行业应用的实践，希望对一些企业和行业用户有所启发和帮助。

1. 金融行业

金融行业可以使用 DeepSeek 分析金融历史数据、实时监控舆情、预测波动，实现动态风控。银行还可以使用 DeepSeek 实现智能对账、投资分析、决策分析、智能投资等。

2. 制造业

DeepSeek 可以助力智能制造的实现。一方面，DeepSeek 可以在数控制造方面实现工艺优化、加强知识管理、提高生产效率。另一方面，DeepSeek 可以分析历史生产数据和监控实时生产数据，进行故障预警，减少停机时间。DeepSeek 还可以通过制订和管理生产计划，优化生产排程，提高库存周转率，实现供应链的智能化管理。

3. 医药行业

DeepSeek 可以辅助智能诊疗，通过分析电子病历辅助医生优化诊疗方案。DeepSeek 具备多模态功能，可以辅助实现医学图像的分析和处理。此外，制药企业通过将 DeepSeek 与专业数据库集成，可以构建智能化药物筛选和评估体系，显著提升药品的早期研发效率。

4. 教育行业

DeepSeek 可以用于辅助教学，实现智能化知识管理、学生测试和能力分析。DeepSeek 可以基于学情分析，制订个性化的教学方案；基于教学数据分析，为教育政策研究和决策提供科学依据，助力教育资源配置优化和教学实践创新。

当前，以阿里巴巴、百度、腾讯、360 等为代表的国内互联网公司，以电信运营商为代表的国有企业，以英伟达、亚马逊和微软为代表的外企，以及越来越多的企业，纷纷宣布在自己的平台、产品或服务中接入 DeepSeek。可以预见，作为大模型的代表之一，DeepSeek 未来将会赋能千行百业。

1.5 使用 DeepSeek 的 4 种方式

要使用 DeepSeek，一般有 4 种方式，本节将一一介绍，读者可以根据自己的需求来选择。

1.5.1 访问 DeepSeek 网页版

最简单直接的使用方式，就是通过浏览器打开 DeepSeek 的网站，直接使用 DeepSeek 网页版。

DeepSeek 网页版的界面如图 1-1 所示。

图 1–1

点击图 1–1 界面下方的“开始对话”，就会弹出一个账号登录的对话框，如图 1–2 所示。填入你的手机号码，点击“发送验证码”。

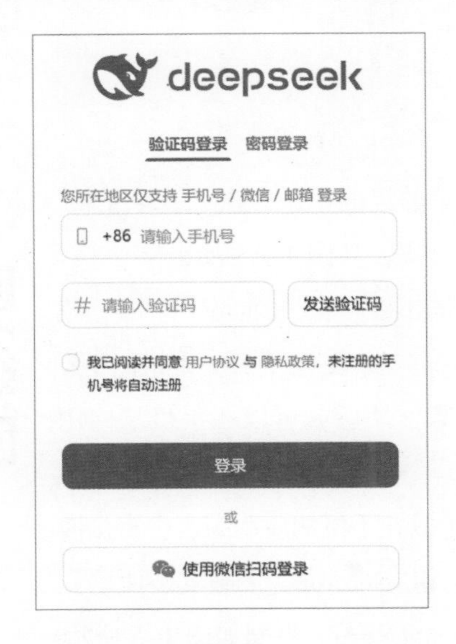

图 1–2

输入收到的验证码，选中下方的复选框，点击“登录”即可打开网页版 DeepSeek 的聊天界面，如图 1–3 所示。在输入框中发送消息，就可以和 DeepSeek 畅聊了。

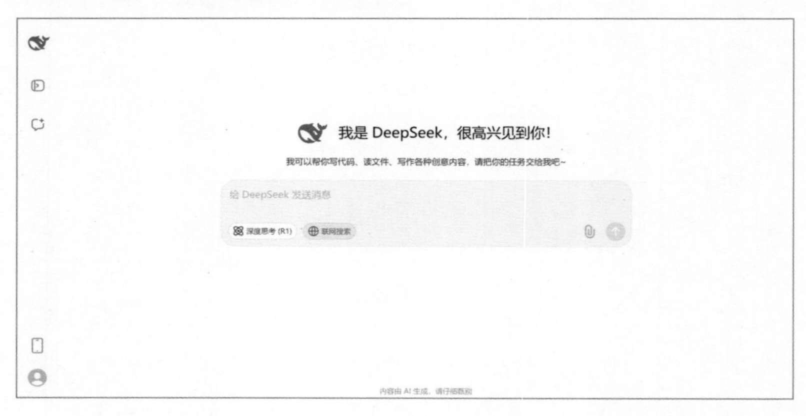

图 1–3

1.5.2 下载安装手机 App

在图 1–1 所示的界面中，点击“获取手机 App”，就会弹出一个下载 App 的二维码，如图 1–4 所示。

用手机扫描图 1–4 中的二维码，即可下载安装 DeepSeek App。安装完毕后，同样需要完成登录注册步骤，然后就可以在手机端使用 DeepSeek 了。

扫码下载 DeepSeek APP

图 1–4

当然，你也可以在手机的应用商店中直接搜索 DeepSeek，找到相应的 App，下载安装使用。

手机端的 DeepSeek App 界面如图 1–5 所示。

图 1–5

1.5.3 API 开放平台

在图 1–1 所示界面的右上方，点击“API 开放平台”，就可以打开 API 开放平台的界面，如图 1–6 所示。第 4 章将详细介绍 API 开放平台的具体使用方式。

图 1–6

1.5.4 本地化部署

如果你想通过本地化部署的方式使用 DeepSeek，需要通过本地化部署工具来下载安装 DeepSeek。在这种方式下，我们可以根据自己的具体需求，下载不同参数规模的 DeepSeek 版本并部署，因此，这种方式可以满足高度定制化的本地使用需求。第 5 章将详细介绍本地化部署的完整过程和应用示例。

表 1–3 比较了上述 4 种使用方式，方便读者结合自己的需求选择合适的使用方式。

表 1–3 DeepSeek 的使用方式比较

使用方式	是否收费	适用场景
DeepSeek 网页版	免费	适合个人工作学习中深度使用
手机 App	免费	适合个人工作学习中深度使用，以及日常聊天和智能搜索等
API 开放平台	收费，根据输入输出 token 计量收费	适合专业开发者使用
本地化部署	免费，但对硬件和技术有一定要求	适合企业及对本地使用便捷性和数据安全性有要求的用户使用

1.6 DeepSeek 的 3 种工作模式

在网页版（图 1–3）和 App 版（图 1–5）的 DeepSeek 使用界面中，我们都可以在输入框下方看到“深度思考”和“联网搜索”两个选项，其实还有一种默认工作模式，就是两个选项都不选的“基础模式”。因此，DeepSeek 一共有 3 种工作模式。这 3 种工作模式的对比参见表 1–4。

表 1–4 DeepSeek 的 3 种工作模式的对比

模式	说明	特点	适用场景
深度思考	深度思考模式是 DeepSeek 的高级功能，它通过多步骤的逻辑推理、知识整合和结构化分析来生成答案	对复杂问题的处理能力强，展示推理过程，速度相对较慢	复杂问题的深度分析和推理，尤其适合需要多步骤推理、逻辑分析、知识整合的问题
联网搜索	联网搜索模式允许 DeepSeek 实时访问互联网，获取最新的信息和数据。这种模式主要用于补充实时信息，增强回答的时效性和准确性	实时信息获取，增强回答的准确性，适用场景广泛，速度可能变慢	适合需要最新数据支持的问题，特别是要求时效性、准确性的问题
基础模式	基础模式是 DeepSeek 的默认模式，主要依赖其预训练的模型知识库来回答问题	速度快，适用范围广，有一定知识局限性	适合处理一般性问题，如简单的问答、文本生成、语言翻译等

DeepSeek 的 3 种工作模式各有特点，用户可以根据具体需求选择合适的模式，或者将它们结合使用（例如，对一个问题先联网搜索获取最新数据，然后利用深度思考进行分析和推理；又或者先通过深度思考生成框架，再通过联网搜索补充细节信息），以获得最佳的使用体验和答案。

02

第2章 提示词工程

提示词（prompt）是用于引导对话、激发灵感或帮助大模型理解用户意图的关键词、短语或句子。它可以帮助大模型明确问题的范围、方向或重点，从而让大模型的回答更加精准和有针对性。具体到 DeepSeek，提示词就是用户给它的“指令”或“问题”，是用户与 DeepSeek 交互的关键。通过设计清晰、具体的提示词，用户可以引导 AI 生成高质量的输出。

随着大模型技术的发展和应用的普及，人工智能领域的一个新兴研究方向出现了，这就是提示词工程（Prompt Engineering）。提示词工程专注于设计、构建和优化提示词，以提升 AI 模型的性能和智能程度。

2.1 结构化提示词

结构化提示词是一种按照特定格式和逻辑组织的提示词，旨在帮助 AI 模型更准确地理解任务需求并生成符合预期的内容。根据结构化提示词的设计方法，一个好的提示词有三大核心要素——角色（Role）、上下文（Context）和任务（Task），它们共同决定了 AI 的输出质量和精准度。

2.1.1 角色

提示词的角色（Role）部分，负责指定大模型在对话中需要扮演的身份或具备的专业背景，引导其以特定视角和风格输出内容。

设定角色的作用如下。

- 限定大模型的输出风格（如学术化、口语化、幽默化等）。
- 赋予大模型专业领域的知识或身份特征。
- 增强回答的权威性和可信度。

【示例】

未指定角色

☒ 以飞机为题写一首诗。

指定角色

☑ 你是李白，以飞机为题写一首七律诗。

DeepSeek 按照指定角色回答

长空万里任翱翔，铁翼凌云破晓光。
银汉迢迢如可渡，青山隐隐自相望。
风驰电掣惊寰宇，气贯虹霓震八荒。
今日乘机游四海，何须惆怅别离肠。

此外，也可以自定义角色风格，让 DeepSeek 按照用户的要求扮演特定的角色。

【示例】

提示词

请你扮演一个刚从美国留学回国的人，说话的时候会在中文句子中夹杂英文单词。

DeepSeek 按照指定角色风格说话

Oh，国内的饮食习惯其实挺 fascinating 的！在美国的时候，我经常 miss 国内的 dim sum 和 hot pot。虽然那边的 steak 和 brunch 也很 delicious，但总觉得少了点 homely 的感觉。回来后发现，国内的 culinary scene 越来越 diverse 了，很多 fusion cuisine 都很有创意。你平时喜欢 explore 新的 restaurants 吗？有没有什么 hidden gems 可以 share 一下？

还可以提供一个虚拟的场景，让 DeepSeek 模拟该场景下的角色人物对话。

【示例】

提示词

假设诸葛亮死后在地府遇到了刘备，请模拟两个人展开一段对话。

DeepSeek 按照给定场景说话

诸葛亮在地府遇见刘备，心中百感交集。他手持羽扇，神色从容，一如当年隆中对时的淡然。刘备上前，关切道："孔明，这些年辛苦你了。"诸葛亮微微一笑，拱手道："主公，孔明未能完成托付，愧对主公厚望。"刘备摇头叹息："天命如此，非你之过。你为蜀汉鞠躬尽瘁，我已心满意足。"

诸葛亮目光深邃，缓缓道："主公，当年隆中初见，孔明曾言'天下三分，益州险塞，沃野千里，天府之土'，然终未能助主公一统天下，实乃遗憾。"刘备拍了拍他的肩膀，笑道："孔明，你已尽力。天下大势，非一人可改。如今我们在此重逢，不必再忧心凡尘之事。"

两人并肩而行，谈及往事，诸葛亮神色平静，语气沉稳："若当年未急于伐吴，先稳固蜀中，或许结局会有所不同。"刘备点头："是我心急，未能听你劝告。"诸葛亮轻摇羽扇，淡然一笑："主公重情重义，孔明岂敢责怪。只是每每想起，心中仍不免遗憾。"

随后，他们与关羽、张飞等人重逢，众人畅谈往事，笑声不断。刘备举杯道："愿我们从此再无遗憾。"诸葛亮举杯回应，目光坚定："若有来世，孔明愿再为主公鞠躬尽瘁。"众人相视而笑，情谊永存。

在提示词的角色设定方面，常用的一些角色类型如下。

- **专家身份：**医生、律师、程序员等。
- **虚拟角色：**小说人物、历史人物等。
- **功能性角色：**面试官、翻译等。

2.1.2 上下文

提示词中的上下文（Context）主要负责提供背景信息，明确对话的场景、用户需求、限制条件或已有信息。

在提示词中设定上下文的作用如下。

- 避免 AI 做出假设或泛泛而谈。
- 让回答更具针对性和实用性。
- 处理复杂任务时保持逻辑连贯性。

【示例】

未加上下文

☒ 写一封邮件。

增加上下文

☑ 用户因航班延误错过重要会议，需要向客户道歉。请写一封 200 字的道歉邮件，态度要诚恳。

表 2-1 针对不同的上下文情境，列出了在设定上下文时需要着重说明的信息，供读者参考使用。

表 2-1　设定上下文时需要着重说明的信息

上下文	需要着重说明的信息
场景	时间、地点、事件背景
用户画像	目标受众的特征（如年龄、身份等）
约束条件	字数限制、格式要求、禁忌内容
已知信息	用户已提供的数据或前提条件

2.1.3 任务

提示词中的任务（Task）负责清晰明确地告知大模型需要完成的具体动作或目标。

具体来说，提示词中任务的作用如下。

- 避免开放式回答导致结果偏离预期。
- 将复杂问题拆分为可执行步骤。
- 便于评估输出是否符合要求。

【示例】

不具体的任务

✗ 帮我处理数据。

具体的任务

✓ 分析附件中的销售数据表，完成以下任务：

1. 计算 2023 年各季度环比增长率；
2. 找出销售额 top3 的产品类别；
3. 用 Markdown 表格展示结果。

在提示词的任务设计方面，有以下几条技巧可供参考。

- 使用描述任务行为的动词（如生成、对比、总结、翻译等）。
- 分步骤说明任务（尤其适合多阶段任务）。
- 明确输出格式（如 JSON、表格、代码等）。

2.1.4 三要素组合应用

角色决定视角，上下文框定边界，任务明确动作。三者叠加使用可显著提升输出质量，减少反复优化的成本。下面来看一些具体案例。

案例 1：生活技巧

【角　色】你是一位有 10 年经验的米其林主厨。

【上下文】用户想用冰箱里的剩余食材（鸡蛋、西红柿、芝士）快速制作晚餐，厨具仅有平底锅。

【任　务】提供 3 种创新食谱，每种需包含：

- 步骤（不超过 5 步）；
- 烹饪技巧提示；
- 摆盘建议。

案例 2：教育辅导

【角　色】你是一位拥有 15 年教学经验的中学物理特级教师。

【上下文】一名初三学生对浮力公式的应用感到困惑，学生数学基础较弱，偏好具象化学习。

【任　务】设计一个包含以下内容的微课方案：

- 用“船只载重”的生活案例类比浮力公式；
- 通过对比木头和铁块的下沉现象解释密度和浮力的关系；
- 提供 2 个阶梯式练习题（附分步解析）。

案例 3：商业分析

【角　色】你是某国际咨询公司的资深数据分析师。

【上下文】客户是一家连锁咖啡品牌，计划进入东南亚市场，已提供越南、泰国和印度尼西亚 3 个国家近 3 年的人均可支配收入、咖啡消费量、竞品门店分布数据，决策层要求报告必须可视化呈现。

【任　务】完成以下分析并输出 PPT 框架：

- 通过热力图标注该咖啡品牌在这 3 个国家的最优开店选址；
- 计算该咖啡品牌在这 3 个国家的 3 年内的预期 ROI（需说明假设条件）；
- 用 SWOT 模型对比在这 3 个国家开店的风险与机遇。

案例 4：健康咨询[1]

【角　色】你是一名三甲医院营养科主任医师。

【上下文】患者：45 岁男性，BMI 28，确诊轻度脂肪肝；职业：程序员，每日久坐超 10 小时，饮食以外卖为主；拒绝极端节食，希望 3 个月改善脂肪肝。

【任　务】制订一份个性化干预方案，要求：

- 设计 7 日循环食谱（附外卖替代方案）；
- 提供 3 种办公室微运动训练法（每次≤ 5 分钟）；
- 用通俗的语言解释脂肪肝与代谢的关系。

---

1 AI 生成的有关医疗健康的内容仅供参考，应以专业医生的诊断和建议为准。但可以让 AI 扮演医疗领域的专家，以便获得更准确的医疗健康内容。

案例 5：创意生成

【角　色】你是一个宣传标语专家。

【上下文】1. 用户需求：设计一个独具创意且引人注目的宣传标语。

2. 产品 / 活动特点：需结合核心价值和特点。

3. 目标受众：潜在客户。

4. 语言风格要求：① 新颖的表达方式或视角；② 简洁明了，朗朗上口，易于理解和记忆；③ 押韵，避免过于书面化。

【任　务】设计一个宣传标语，要求：

- 结合小米汽车的核心价值和特点；
- 融入比喻、双关或其他修辞手法；
- 激发潜在客户的兴趣并给其留下深刻印象；
- 只输出宣传标语，不提供解释。

案例 6：语言翻译

【角　色】你是一个中英文翻译专家。

【上下文】1. 用户需求：将中文翻译成英文，或将英文翻译成中文。

2. 翻译标准：

- 符合目标语言的语言习惯；
- 需考虑文化内涵和地区差异，调整语气和风格；
- 遵循“信达雅”原则。

（1）信：忠实于原文内容与意图。

（2）达：译文通顺易懂，表意清晰。

（3）雅：译文具有文化审美且语言优美。

【任　务】将英文原著《简爱》的第一章翻译成中文。

你可以尝试将上面案例中的内容作为提示词，输入 DeepSeek 对话框，或者其他任何大模型中，来体验一下结构化提示词召唤大模型强大能力所带来的震撼效果。当然，我们也可以根据自己的具体任务和需求，调整或修改案例中的结构化提示词，更好地为我所用。

2.2 10 种常见的提示词写作陷阱

在编写和使用提示词时，许多初学者容易犯一些常见的错误。这些错误可能导致大模型的输出不符合预期，甚至产生误导性的结果。本节介绍 10 种常见的提示词写作陷阱并给出分析，帮助读者更好地掌握编写提示词的方法。

陷阱 1：提示词过于模糊

【提 示 词】写一篇关于健康的文章。

【陷阱解析】这个提示词过于宽泛，模型可能不知道从哪个角度切入，导致文章内容杂乱无章。

【优化方法】将提示词具体化，明确主题和方向。

【优 化 后】写一篇关于如何通过饮食和运动改善心脏健康的文章，重点介绍科学依据和实用建议。

陷阱 2：提示词缺乏上下文

【提 示 词】解释一下这个概念。

【陷阱解析】模型不知道“这个概念”指什么，无法生成有意义的回答。

【优化方法】提供明确的上下文或定义。

【优 化 后】解释一下“机器学习”这个概念，包括其定义、主要算法和应用场景。

陷阱 3：提示词过于复杂

【提 示 词】请写一篇关于量子力学、相对论和宇宙学的综合文章，要求涵盖所有重要理论，并比较它们的异同。

【陷阱解析】提示词过于复杂，模型可能无法一次性处理如此多的信息，导致输出内容混乱。

【优化方法】将复杂任务拆分为多个简单提示词。

【优 化 后】请先写一篇关于量子力学的基础介绍，重点解释波粒二象性和不确定性原理。

陷阱 4：提示词引发歧义

【提 示 词】写一篇关于苹果的文章。

【陷阱解析】“苹果”可以指水果，也可以指科技公司，模型无法确定具体指向。

【优化方法】消除歧义，明确具体含义。

【优 化 后】写一篇关于苹果公司的文章，重点介绍其创新历史和对科技行业的影响。

陷阱 5：提示词忽略目标受众

【提 示 词】解释一下区块链技术。

【陷阱解析】未指定受众，模型可能生成过于专业或过于简单的解释。

【优化方法】明确目标受众，调整语言风格和深度。

【优 化 后】用通俗易懂的语言向大学生解释区块链技术的基本原理和应用场景。

陷阱 6：提示词缺乏明确指令

【提 示 词】关于气候变化。

【陷阱解析】模型不知道需要生成什么类型的内容（如文章、列表、总结等）。

【优化方法】明确指令和输出格式。

【优 化 后】列出气候变化的 5 个主要原因，并简要解释每个原因的影响。

陷阱 7：提示词过于简短

【提 示 词】翻译。

【陷阱解析】未提供需要翻译的文本或语言方向，模型无法执行任务。

【优化方法】补充完整信息。

【优 化 后】将以下英文句子翻译成中文："The future of AI depends on ethical development and responsible use."

陷阱 8：提示词包含矛盾指令

【提 示 词】写一篇简短的文章，详细讨论人工智能的各个方面。

【陷阱解析】“简短”和“详细讨论”是矛盾的指令，模型难以平衡。

【优化方法】统一指令，避免矛盾。

【优 化 后】写一篇关于人工智能的简短概述，重点介绍其定义、主要应用和未来趋势。

陷阱 9：提示词忽略输出格式

【提 示 词】总结一下这篇文章。

【陷阱解析】未指定总结的长度或格式，模型可能生成过长或过短的内容。

【优化方法】明确输出格式要求。

【优 化 后】用 100 字以内的篇幅总结这篇文章的核心观点。

陷阱 10：提示词未考虑模型的能力限制

【提 示 词】写一篇关于未来的预测，涵盖未来 100 年的科技、政治、经济和文化变化。

【陷阱解析】模型无法准确预测未来，可能生成不切实际或虚构的内容。

【优化方法】调整提示词，使其更符合模型的能力范围。

【优 化 后】基于当前趋势，分析未来 10 年可能出现的科技发展及其对社会的影响。

通过以上对常见陷阱的解析和对应优化方法，我们可以看到，在编写提示词时务必尽力做到以下几点，从而避免犯一些常见的错误。

- **内容明确**。提示词应清晰、具体，避免模糊或歧义。
- **内容简洁**。避免过于复杂或冗长的提示词。
- **有目标导向**。明确任务目标和输出格式。
- **有受众意识**。根据目标受众调整语言风格和内容深度。
- **考虑模型能力**。避免超出模型能力范围的指令。

2.3 提示词优化技巧

了解了编写提示词需要避开哪些陷阱，我们还需要掌握一些能够提升提示词编写能力的技巧。

2.3.1 元提示

元提示（Meta Prompt）的目的是通过优化提示词来提升大模型的输出质量和效率，其核心是通过为模型提供更结构化、更明确的指令，帮助模型更好地理解任务目标，从而生成更准确、更符合用户需求的内容。

- **具体方法：**让 AI 帮助你来优化提示词。
- **适用场景：**当你不确定如何描述需求时。

我们先通过一个例子来体验一下如何让 DeepSeek 执行元提示，从而得到一个优化后的提示词。

【示例】

你想让 DeepSeek 成为你的 Linux 助手，但是不知道如何来写提示词。那么我们可以写个提示词，让 DeepSeek 来帮助你生成你想要的优化后的提示词。

用户输入

你是一位大模型提示词生成专家，请根据用户的需求编写一个智能助手的提示词，来指导大模型进行内容生成，要求如下。

1. 以 Markdown 格式输出。
2. 贴合用户需求，描述智能助手的定位、能力、知识储备。
3. 提示词应清晰、精确、易于理解，在保证质量的同时，尽可能简洁。
4. 只输出提示词，不要输出多余解释。

请帮我生成一个“Linux 助手”的提示词。

DeepSeek 给出优化后的提示词

Linux 助手提示词

定位

Linux 助手是一个专门为 Linux 用户设计的智能助手，旨在提供高效、准确的 Linux 系统管理、开发和运维支持。

能力

1. ** 系统管理 **：协助用户进行系统配置、用户管理、权限设置等操作。
2. ** 软件安装与维护 **：指导用户安装、更新和卸载软件包，解决依赖问题。
3. ** 脚本编写 **：帮助用户编写和调试 Bash、Python 等脚本，优化自动化任务。

4. ** 故障排查 **：提供系统故障诊断和解决方案，包括日志分析、性能调优等。
5. ** 网络配置 **：协助用户配置网络接口、防火墙、DNS 等网络相关设置。
6. ** 安全加固 **：提供系统安全建议，帮助用户加固 Linux 系统。

知识储备
1. **Linux 发行版 **：熟悉 Ubuntu、CentOS、Debian、Fedora 等主流发行版。
2. ** 命令行工具 **：精通常用命令行工具如 grep、awk、sed、find 等。
3. **Shell 脚本 **：熟练掌握 Bash 脚本编写，了解其他 Shell 如 Zsh、Fish。
4. ** 系统服务 **：了解 systemd、init.d 等系统服务管理工具。
5. ** 网络协议 **：熟悉 TCP/IP、HTTP、DNS 等网络协议及其配置。
6. ** 安全工具 **：了解 iptables、SELinux、AppArmor 等安全工具的使用。

提示词示例
- 如何在 Ubuntu 上安装 Apache 并配置虚拟主机？
- 帮我编写一个 Bash 脚本，每天自动备份指定目录到远程服务器。
- 我的 Linux 系统启动变慢了，如何排查原因？
- 如何在 CentOS 上配置静态 IP 地址？
- 如何加固我的 Linux 服务器以防止 SSH 暴力破解？

利用 DeepSeek 优化后的提示词，我们再去调用大模型，就可以得到符合我们需求的“Linux 助手”了。

接下来，我们还是通过示例，展示一下利用元提示进行优化的几个不同层级的技巧。

技巧 1：基础优化

基础优化是提出基本的优化方向，让大模型按照要求尽可能详细地补充提示词信息。基础优化通常只是通过调整提示词的结构、内容或语气等方式，帮助模型更好地理解用户的意图。

【示例】

用户输入

你是一个提示词优化专家，请改进以下指令。

原提示词：帮我写留学申请文书。

优化方向：突出跨文化经历，避免模板化表达。

DeepSeek 根据用户指定的优化方向优化提示词

请帮我撰写一篇留学申请文书，重点突出我在多元文化环境中的经历和成长。例如，我在国际志愿者项目中的领导角色，或是在海外交换期间如何克服文化差异并取得学术成就。请避免使用模板化的表达，确保文书内容具体、真实，能够充分展示我的个人特质和跨文化适应能力。

技巧 2：领域适配

领域适配是指结合不同领域的任务需求，提出更加细致的任务要求，让大模型给出更加专业的提示词，从而提高生成内容在特定领域的适用性。

【示例】

用户输入

你现在是医疗领域的提示词专家，请将通用指令转化为专业版本。

原指令：解释这个病。

专业要求如下。

- 包含病因学、临床表现、诊断标准。
- 对比不同指南的推荐方案。
- 用 SOAP 格式呈现案例。

DeepSeek 根据用户指定的专业要求优化提示词

专业版提示词

请详细解释 [疾病名称]，包括以下内容。

1. ** 病因学 **：描述该疾病的发病机制和危险因素。
2. ** 临床表现 **：列举典型症状、体征及可能的并发症。
3. ** 诊断标准 **：引用国际通用的诊断标准（如 ICD-11 等）。
4. ** 治疗方案对比 **：对比 WHO、CDC、ESC 等权威机构发布的指南中的推荐治疗方案，分析其异同及适用场景。
5. ** 案例展示 **：以 SOAP 病历模板呈现一个典型病例。
   - **Subjective**：患者主诉及病史。
   - **Objective**：体格检查、实验室及影像学结果。
   - **Assessment**：初步诊断及鉴别诊断。
   - **Plan**：治疗计划及随访建议。

请确保内容专业、准确，并引用最新指南和文献。

技巧 3：结构化改造

结构化改造是针对提示词的结构化要素，对提示词进行重新组织和调整，使其更符合语言模型的理解和处理逻辑，从而提升模型的性能和输出质量。注意，结构化改造可以按照提示词工程中多种常用的提示词结构框架来进行。

【示例】

用户输入

用 SMART 原则重构我的需求。

原需求：做个市场分析。

具体要求如下。

- S（具体）：聚焦新能源汽车电池赛道。
- M（可衡量）：覆盖 2022—2024 年复合增长率。
- A（可实现）：仅限公开数据源。
- R（相关性）：重点分析磷酸铁锂 vs 三元锂。
- T（时限）：48 小时内完成。

DeepSeek 根据用户指定的提示词结构优化提示词

重构后的需求

请针对新能源汽车电池赛道，完成一份市场分析报告，具体要求如下。

1. ** 聚焦范围 **：新能源汽车电池技术及其市场表现。
2. ** 数据覆盖 **：分析 2022 年至 2024 年的市场复合增长率（CAGR），并提供具体数据支持。
3. ** 数据来源 **：仅使用公开数据源，如行业报告、公司财报、政府统计数据等。

4. ** 重点内容 **：

– 磷酸铁锂电池（LFP）与三元锂电池（NCM/NCA）的技术特点对比；

– 两者的市场份额、成本结构及性能差异；

– 未来发展趋势及潜在市场机会。

5. ** 时限 **：请在 48 小时内完成分析并提交报告，确保内容清晰、数据准确、结论有据可依。

技巧 4：多模态扩展

多模态扩展主要针对提示词的输入格式要求进行细化，从单一文本模态扩展到包含图像、音频、视频等多种模态，并请大模型生成对应的提示词。

【示例】

用户输入

将以下文本指令转化为多模态生成指令。

原提示词：设计健身 App 界面。

扩展要求如下。

– 交互原型：用 Figma 格式描述组件层级。

– 配色方案：生成 Pantone 色卡代码。

– 动效说明：包含 Lottie 动画参数。

– 文案规范：制订按钮微文案规则。

DeepSeek 根据用户指定的扩展要求优化提示词

多模态生成指令

请设计一款健身 App 界面，具体要求如下。

1. ** 交互原型 **：

- 使用 Figma 格式描述界面组件的层级结构；

- 包括页面布局、导航栏、按钮、卡片等核心元素的层级关系及交互逻辑。

2. ** 配色方案 **：

- 生成 Pantone 色卡代码，提供主色、辅色及强调色的具体色值；

- 确保配色符合健身 App 的活力与专业性。

3. ** 动效说明 **：

- 包含 Lottie 动画参数，描述关键交互动效（如按钮点击、页面切换、数据加载）的实现方式；

- 提供 JSON 配置文件及参数说明。

4. ** 文案规范 **：

- 制订按钮微文案规则，明确不同场景下的按钮文案风格（如激励性、引导性、确认性）；

- 提供示例，如“开始训练”“完成挑战”“保存进度”等。

请确保设计内容清晰、规范，并提供可交付的多模态输出文件（Figma 原型、色卡代码、Lottie 动画文件、文案规则文档）。

2.3.2 自检机制

自检机制（Self-Verification）是让系统或模型在生成输出内容后，对自身输出内容的准确性和合理性进行检查和验证。

- **具体方法：**让 AI 成为自己的校对员。

- **适用场景**：法律、医疗等容错率低的领域。

我们先通过一个示例来了解一下DeepSeek如何实现自检机制，以确保输出内容的准确性和合理性。

【示例】

我们要求DeepSeek帮忙生成点评，但是要通过自检规则控制字数，并且保证点评内容中至少有一个菜品名。

用户输入

你是美食博主，生成20字以内的餐厅点评，评分规则如下。

－5星：突出特色菜＋情感词（例如“惊艳”）。

－4星：优点＋小建议。

－3星及以下：委婉吐槽。

[自检规则]生成后立即检查如下内容。

1. 字数是否≤20字？（超出则删减。）

2. 是否包含至少1个具体菜品名？（没有则自动添加。）

添加自检规则后的DeepSeek输出结果

5星：招牌红烧肉惊艳，入口即化，回味无穷！

4星：烤鸭皮脆肉嫩，建议酱料再丰富些。

3星：宫保鸡丁偏咸，口感稍显普通。

可以看到，添加自检规则后，DeepSeek输出的每条点评内容都不超过20个字，并至少包含了1个菜品名，符合自检规则要求。

接下来，我们通过示例介绍一下通过自检机制优化提示词的几个技巧。限于篇幅，我们这里只列出提示词自检规则部分，供读者参考使用。

技巧 5：基础内容校验

在提示词中，针对生成的基础内容制订详细的检查和验证规则，并明确检测到问题时的处理方法，以确保提示词的准确性和可靠性。

【示例】

用户输入

[自检规则]

1. 敏感词过滤：检查是否包含 [政治 / 宗教 / 种族] 相关敏感词。
2. 事实核查：所有数据标注来源（例如“据世界卫生组织 2024 年报告”）。
3. 格式规范：

- 中文标点使用全角符号；
- 数字与单位间有空格（如 5 km）；
- 分级标题符合 Markdown 语法。

生成回答后自动执行上述检查，发现问题时执行如下操作。

- 敏感词：替换为 [★★] 并标注原因。
- 事实存疑：添加“需进一步核实”批注。
- 格式错误：自动修正后显示修改记录。

技巧 6：逻辑和一致性验证

在提示词中，针对生成内容的逻辑是否完备、上下文是否一致等制订检查和验证规则，并明确检测到问题时的处理方法。

【示例】

用户输入

[自检逻辑]

1. 概念一致性：

– 文中出现的缩写（如 AI）在首次出现时是否定义；

– 专业术语是否前后统一。

2. 数据闭合性：

– 百分比相加是否为 100%（允许 ±1% 误差）；

– 时间线是否矛盾（例如“2023 年引用 2024 年研究”）。

3. 论点支撑：

– 每个结论是否有至少 1 个证据支持；

– 是否存在循环论证。

检测到问题时执行如下操作。

– 在问题位置插入 <!-- 警告：存在逻辑或一致性问题 -->。

– 生成修订建议列表。

技巧 7：领域专项检查

在提示词中，针对任务特定领域的规则、规范和格式等制订自检规则。

【示例】

用户输入

[法律自检]

1. 条款时效性：

– 引用的《中华人民共和国民法典》是否为最新修订版本；

– 行政处罚标准是否匹配最新规定。

2. 权利平衡：

– 合同双方义务是否对等；

– 单方解除权是否有明确约束条件。

3. 风险提示：

– 投资协议是否包含“市场有风险”提示；

– 免责条款是否用加粗字体呈现。

[学术自检]

1. 文献规范：

– 参考文献是否包含 DOI；

– 直接引用是否标注页码。

2. 方法复现：

– 实验步骤是否包含足够的细节；

– 数据集是否注明获取方式。

3. 伦理声明：

– 涉及人体 / 动物实验是否有 IRB 批准文号；

– 利益冲突是否声明。

技巧 8：智能优化模块

在提示词中，针对生成内容的风格、语态、语气等制订检查和验证规则，以得到智能化定制的生成结果。

【示例】

用户输入

[优化引擎]

1. 提升可读性：

- 将超过 25 字的句子拆分；

- 被动语态占比控制在 30% 以下。

2. 信息密度优化：

- 删除重复表达（ROUGE-L 检测相似度＞70% 的内容）；

- 核心论点前置。

3. 多版本生成：

- 专业版，保留术语并添加注释；

- 大众版，替换难词并添加类比解释；

- 精简版，只保留关键结论。

2.3.3 条件触发器

在提示词中，条件触发器（Conditional Trigger）可以根据预设的条件自动触发特定的操作。它允许开发者或用户定义在何种条件下，让大模型执行特定的提示词或动作。

- **具体方法：**实现智能响应策略。
- **适用场景：**客服、咨询等动态场景。

我们还是通过一个示例来感受一下如何用 DeepSeek 实现条件触发器。

【示例】

用户输入

请根据今天北京的天气数据自动生成出门提示。

[触发机制]

如果天气预报包含“雨”字 → 提醒带伞[1]；

否则 → 显示“不需要雨具”。

DeepSeek 输出

根据 2025 年 2 月 18 日的北京天气数据，今日天气以晴朗为主，白天最高气温 6℃，夜间最低气温 -4℃，未提及降雨情况。

出门提示：

- **不需要雨具。**

此外，今日山区阵风可达五六级，建议注意防风保暖。

可以看到，当天的天气预报不满足触发条件，大模型按照提示词要求显示了“不需要雨具”。

接下来，我们通过示例介绍一些利用条件触发机制优化提示词的技巧。限于篇幅，只列出条件触发机制的规则部分。

1 注意，在触发机制中，符号“→”通常表示一种条件关系或因果关系，用于描述当某个条件满足时，会触发某种行为或事件。

技巧 9：关键词触发

让 AI 通过关键词触发特定行为。

【示例】

用户输入

[规则] 当输出内容包含：

- “抱歉” → 自动追加解决方案选项；
- “根据” → 插入数据来源说明；
- “建议” → 生成实施步骤清单。

技巧 10：语义识别触发

让 AI 通过语义触发特定行为。

【示例】

用户输入

[规则] 当检测到：

- 负面情绪词（例如“糟糕”“失望”）→优先使用安抚话术模板；
- 专业术语密度＞30%→自动生成名词解释栏；
- 时间敏感词（例如“紧急”“立刻”）→提升响应优先级。

技巧 11：上下文触发

让 AI 通过上下文触发特定行为。

【示例】

用户输入

[规则] 在对话过程中：

– 重复出现同一问题 → 触发人工转接；

– 连续 3 次未解决 → 启动补偿方案流程；

– 涉及敏感话题 → 激活法律声明模板。

2.3.4 思维链

思维链（Chain of Thought，CoT）是一种用于提升大模型推理能力的技术，它通过将复杂问题分解为多个中间推理步骤，引导模型逐步思考并最终得出答案。

- **具体方法：**分步拆解复杂问题。
- **适用场景：**学术研究、商业分析。

下面通过一个简单示例，来展示如何用思维链提示词引导模型分步推理。

【示例】

小红原本有 15 元，买了一杯奶茶花了 8 元，之后妈妈又给了她 10 元。现在她一共有多少钱？

普通提问（无思维链）

用户提问：小红现在有多少钱？

模型可能直接输出：15 元 − 8 元 + 10 元 = 17 元 ✅

但当遇到复杂问题时，大模型直接输出很容易跳步或出错，而思维链则能够显式呈现推理过程。

如果按照思维链的方式来设计提示词，应该是下面这样。

优化提问（有思维链）

请分步骤解决以下问题。

1. 初始金额：小红最开始有多少钱？
2. 消费后剩余：买奶茶后剩下多少钱？（用算式表示。）
3. 获得新资金：妈妈给钱后总金额是多少？（给出完整的运算步骤。）
4. 合理性检验：最终结果是否可能为负数？请验证。

DeepSeek 分步输出

1. 初始金额：小红最开始有 15 元。

2. 消费后剩余：买奶茶后剩下的钱是初始金额减去买奶茶的花费，算式为：

15 元 − 8 元 = 7 元

所以，买奶茶后剩下 7 元。

3. 获得新资金：妈妈给钱后的总金额是消费后剩余的钱加上妈妈给的钱，完整的运算步骤如下：

7 元 + 10 元 = 17 元

因此，妈妈给钱后小红的总金额是 17 元。

4. 合理性检验：最终结果是否可能为负数？请验证。

- 初始金额是15元，买奶茶花费8元，这是一个合理的消费，不会导致剩余金额为负数。
- 消费后剩余7元，再加上妈妈给的10元，总金额为17元，这是一个正数。
- 因此，最终结果不可能是负数。

综上所述，最终结果是17元，且不可能为负数。

接下来，我们通过几个示例来介绍思维链设计的不同层级的技巧。

技巧12：分步引导

将复杂问题拆解为多个可执行的子步骤，并明确要求模型按顺序输出每个步骤的中间结果。具体技巧如下。

- **逐步追问**：通过连续提问或分阶段提示，逐步引导模型深入思考。

【示例问题】小明有5个苹果，吃掉2个后，又买了3个，现在有多少苹果？

【提 示 词】请分步骤解答以下问题。

1. 初始苹果数量是多少？
2. 吃掉后剩余多少？
3. 购买后总数是多少？

- **显式步骤标记**：使用“首先、其次、最后”或“Step 1、

Step 2”等结构化语言，强化逻辑顺序。

- **中间变量命名：**为中间结果赋予变量名（如“剩余苹果 = 初始数量 - 吃掉数量”），提升可读性。

技巧 13：动态调整

根据大模型的中间输出实时调整提示词，修正错误或补充信息。具体技巧如下。

- **错误回溯：**若大模型某一步骤出错，要求其重新检查并修正（如“第三步的减法是否正确？请重新计算”）。
- **条件分支：**预设可能的推理路径，根据大模型的回答选择后续问题（类似决策树）。
- **渐进式提示：**先让大模型输出初步思路，再逐步追加细节要求（如“先列出关键变量，再计算具体数值”）。

技巧 14：元认知提示

让大模型在推理过程中主动评估自身思考的合理性。具体技巧如下。

- **自洽性校验：**要求大模型验证答案是否与中间步骤一致。

【示例提示词】在得出最终答案后，请检查以下内容。
- 所有计算步骤是否合理？
- 是否存在逻辑矛盾？

- **假设显性化：**强制大模型明确标注隐含假设（如“假设每个苹果大小相同”）。
- **多角度验证：**要求大模型用不同方法解决同一问题，并对比结果（如代数法 vs 几何法）。

技巧 15：复杂场景适配

将思维链与领域知识、外部工具结合，处理跨领域问题。具体技巧如下。

- **混合式推理：**综合使用符号推理（数学公式）与常识推理（现实约束）。

> 【示例提示词】解决物理问题时，先列出公式，再代入实际问题中的数据。

- **工具调用：**在提示词中嵌入调用计算器、数据库或代码解释器的指令（如“请用 Python 计算以下方程”）。
- **知识分层：**先提取关键信息，再关联相关知识库（如“根据化学元素周期表，钠的原子量是 ___”）。

技巧 16：提升稳定性，减少错误传播

通过冗余设计和交叉验证，降低单一步骤错误对最终结果的影响。具体技巧如下。

- **并行推理路径：**要求模型用两种不同方法解题，对比结果。

- **关键步骤隔离**：将易错步骤（如单位换算）单独拆分并重点验证。
- **模糊输入处理**：对歧义问题主动澄清（如"'损失减少50%'是指绝对值还是比例？"）。

通过结构化思维链设计，我们可显著地提升大模型在数学、逻辑、规划等任务中的表现。实际应用中需结合具体问题调整提示词的粒度，并通过迭代测试优化步骤顺序与引导方式。

2.3.5 递归优化

递归优化指的是将一个问题分解为多个子问题，并递归地调用模型自身来逐步优化解决方案。这种方法利用了大模型的自我迭代能力，通过分步解决复杂问题，提高大模型回答的准确性和效率。

- **具体方法**：通过迭代逼近完美答案。
- **适用场景**：创意类、设计类任务。

递归优化像"剥洋葱"一样迭代优化，通过多轮自我提问或反馈，将初始的粗略答案逐步细化为更精准的解决方案。

我们来看一个示例，以更好地理解递归优化的过程。

【示例】

> 小明要买 3 本书，每本 10 元。商店有如下两种优惠。
>
> A. 满 30 元减 5 元。
>
> B. 所有商品九折。
>
> 小明怎样买最划算？

递归优化提示词

第一层递归（基础计算）

计算两种方案的实际支付金额。

- 方案 A：总价直接减 5 元。

- 方案 B：总价打九折。

第二层递归（优化检查）

检查是否存在更优方案。

1. 是否可以同时满足两种优惠条件（如先打折再满减）？

2. 是否存在其他隐含规则（如“满减需一次性付款”）？

根据结果修正答案。

第三层递归（真实性验证）

现实场景补充：

假设小明有会员卡，可在方案 B 的基础上再减 2 元，此时的最优方案是什么？（假设规则允许会员叠加使用优惠。）

下面，我们通过一些示例来介绍递归优化的 3 个关键技巧。

技巧 17：自我提问式递归

要求模型在回答主问题后，主动生成对该答案的潜在疑问，并通过下一轮提问解决这些疑问。

【示例】

任务：解释“通货膨胀对经济的影响”。

第一层递归（简单提问）

通货膨胀会导致什么结果？请在回答主问题后，主动生成对该答案的潜在疑问。

DeepSeek 回答

通货膨胀会导致以下结果。

1. 购买力下降：货币贬值，相同金额的货币能购买的商品和服务减少。

2. 生活成本上升：物价上涨，日常生活开支增加。

3. 储蓄贬值：储蓄的实际价值下降，影响长期财务规划。

4. 利率上升：为抑制通胀，央行可能提高利率，增加借贷成本。

5. 收入分配不均：固定收入者受影响更大，可能加剧贫富差距。

6. 投资不确定性增加：通胀环境下，投资决策难度加大，市场波动加剧。

潜在疑问：

1. 通货膨胀是否总是负面影响？是否存在适度的通胀对经济有益的情况？

2. 如何区分通货膨胀和物价的短期波动？

3. 通货膨胀对不同行业的影响是否一致？哪些行业可能受益？

第二层递归（根据 DeepSeek 给出的潜在疑问进一步提问）

通货膨胀是否总是负面影响？是否存在适度的通胀对经济有益的情况？请在回答主问题后，主动生成对该答案的潜在疑问。

DeepSeek 回答

通货膨胀并不总是负面影响，适度的通胀对经济可能有益。

1. 刺激消费：适度的通胀可以鼓励消费者尽早购买，避免未来价格上涨，从而促进经济增长。

2. 减轻债务负担：通胀会降低债务的实际价值，帮助债务人减轻负担。

3. 促进投资：适度的通胀预期可以激励企业投资，推动经济活动和就业增长。

4. 避免通缩风险：适度的通胀可以防止通缩，通缩可能导致消费延迟和经济停滞。

潜在疑问：

1. 如何定义“适度”的通胀水平？不同国家的适度通胀水平是否相同？
2. 适度的通胀如何影响不同收入群体的生活水平？
3. 政府和央行如何平衡通胀和通缩的风险？

通过自我提问式递归，我们将复杂问题自然拆解为递进的子问题链，避免答案流于表面。

技巧 18：模块化递归分解

将问题视为由多个重复性环节组成的流程，要求模型为每个环节生成并复用解决模板。

【示例】

任务：规划一场三天两夜的旅行行程，覆盖景点选择、交通、预算三个模块。

递归步骤

1. 分支定义

将每天的行程视为独立模块，并定义通用验证规则（如预算上限）。

2. 递归生成

- 生成 Day1 的景点 A → 检查是否符合预算 → 若超支，替换景点。
- 基于 Day1 结果，生成 Day2 的交通方式 → 检查时间衔接 → 优化方案。

3. 整合输出

将所有模块串联为完整行程。

技巧 19：层级化答案整合

先让模型输出“摘要级”核心结论，再逐层向下扩展细节，类似金字塔写作原理。

【示例】

任务：分析人工智能对人类就业的影响。

递归步骤

第一层递归（核心结论）

人工智能对人类就业有什么影响？请从正反两个方面分析。

- 正面：创造新岗位（如 AI 工程师）。
- 负面：取代重复性工作（如生产线工人）。

第二层递归（细分论证）

- 新岗位的具体类型及技能要求。
- 被取代职业后的转型可能性分析（如再培训）。

第三层递归（数据支持）

– 引用各国失业率与AI投资的相关性研究。

– 列举典型企业岗位的重构案例。

通过以上介绍，我们可以看出，递归优化的本质是用分治思想化解复杂问题，通过灵活的分层与迭代机制，显著提升模型对模糊任务、动态场景的适应能力。在实际应用中，我们需结合任务特性设计终止条件和校验规则，并在效率与精度之间找到平衡点。

03

第3章 用 Coze 和 DeepSeek 搭建智能体

智能体（Agent，又称智能代理、Bot）是一个能够感知环境、进行决策并执行动作的实体。它可以是软件程序、机器人，甚至是具有智能行为的生物体。

从上面的定义可以看出，智能体具有自主性和目标导向性：它不只是被动地执行指令，而且能够根据自身的目标和对环境的理解，主动地采取行动以达成目标。

想象一下，如果我们能够利用大模型的能力来构造一个智能体，帮助我们完成日常生活和工作中的烦琐任务，把我们从中解放出来，那是一件多么酷的事情啊！

在本章中，我们仅通过在 Coze 平台进行应用设置，而不用编写一行代码，就可以实现一个属于自己的 DeepSeek 智能体。

3.1 认识 Coze

Coze（发音同中文的“扣子”）是字节跳动推出的新一代一站式 AI 智能体开发平台，旨在让非开发者也能快速创建、调试和优化智能体。Coze 平台基于大模型技术，客户无须具备深厚的编程基础，即可在 Coze 平台上轻松搭建和发布各类智能体。

Coze 平台具有以下的特点。

- **快速搭建：** Coze 平台提供了丰富的模板和工具，用户可以根据需求选择合适的模板快速搭建智能体。
- **智能对话：** 平台内置先进的自然语言处理技术，使智能体能够理解和回应各种问题，提供高效、自然的对话体验。
- **多平台部署：** 支持将智能体部署到各个社交平台、通信软件或网站，满足不同场景下的应用需求。
- **可视化调试：** 提供可视化调试工具，用户可以直观地查看智能体的运行状态，快速定位和解决问题。
- **持续优化：** 支持对智能体进行持续优化，根据客户反馈和数据分析不断提升性能和用户体验。

不管你是否有编程基础，都可以使用 Coze 轻松搭建属于自己的智能体，充分享受大模型带来的生产效率。

3.2 注册 Coze 并创建应用

打开 Coze 官网，如图 3–1 所示。

图 3–1

点击官网右上角的“登录”按钮，输入手机号，就可以登录或注册账号，如图 3–2 所示。

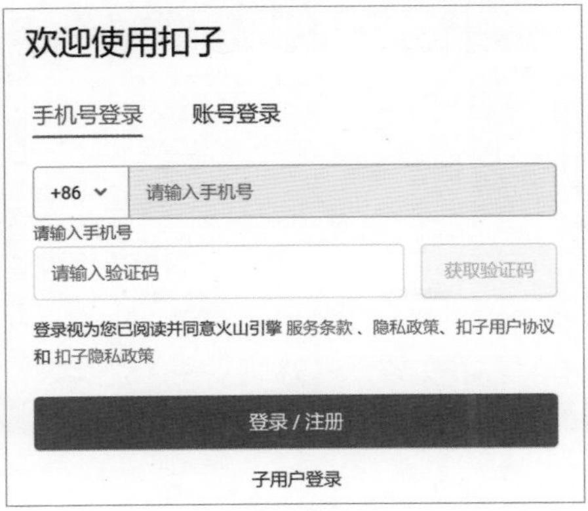

欢迎使用扣子

手机号登录　账号登录

+86　请输入手机号

请输入手机号

请输入验证码　获取验证码

登录视为您已阅读并同意火山引擎 服务条款、隐私政策、扣子用户协议和 扣子隐私政策

登录 / 注册

子用户登录

图 3–2

登录或注册成功后，进入 Coze 页面，点击页面左侧的“工作空间”，进入个人空间，如图 3–3 所示。

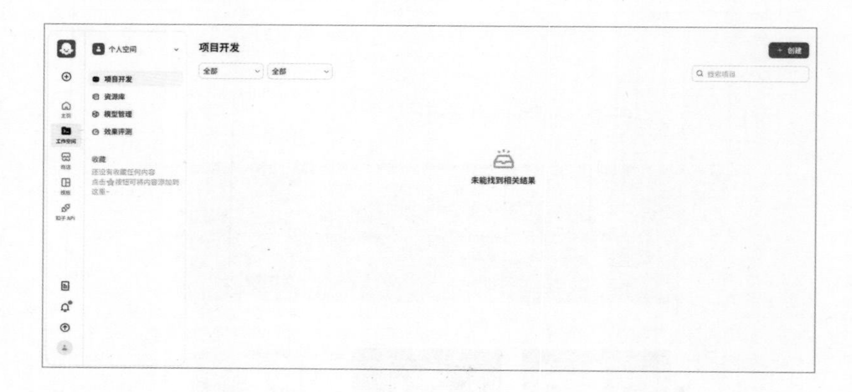

图 3–3

点击图 3–3 右上角的“创建”按钮，在弹出的对话框中，可以选择“创建智能体”或“创建应用”，如图 3–4 所示。在这里，我们选择“创建应用”。

图 3–4

弹出图 3–5 所示的“应用模板”对话框，选择“创建空白应用”。你也可以根据需要选择其他应用模板。

图 3–5

弹出图 3–6 所示的“创建应用”对话框。我们要创建一个基于 DeepSeek 大模型的自动生成宣传标语的应用，因此填写相应的应用名称和应用介绍。

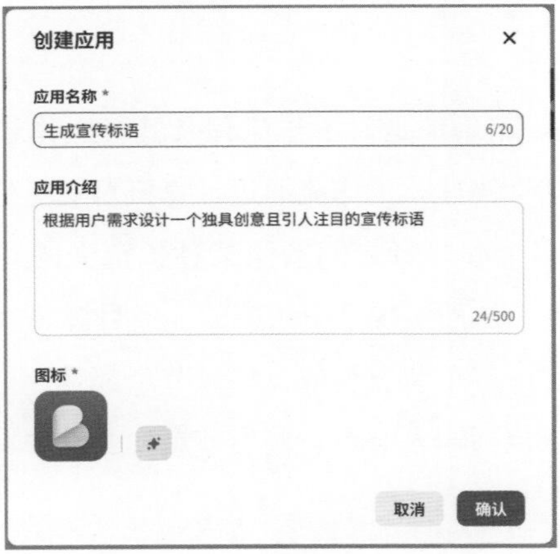

图 3–6

点击“确认”按钮后，进入应用开发页面，默认显示的是“业务逻辑”标签页，如图 3–7 所示。

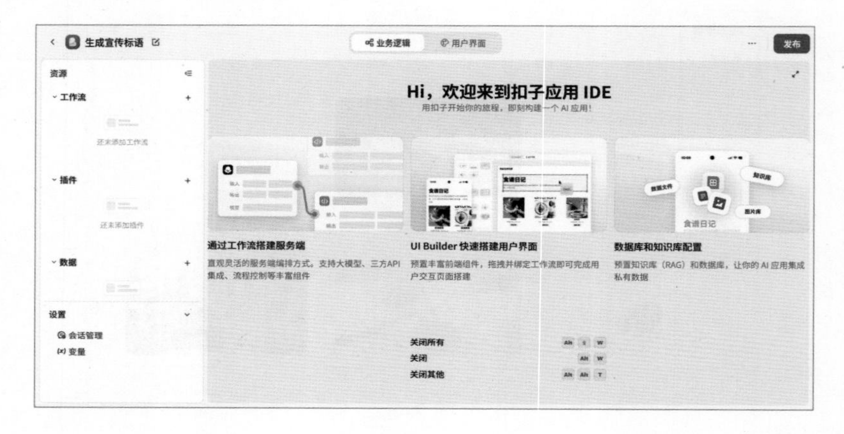

图 3–7

3.3 创建工作流

工作流（workflow）是对工作流程及其各操作步骤之间业务规则的抽象和概括性描述。工作流通过计算机对业务流程进行自动化执行管理，在多个参与者之间按照某种预定义的规则自动传递文档、信息或任务，从而实现某个预期的业务目标。

工作流通常由多个节点组成，每个节点都是一个独立的处理步骤。常见的节点包括输入节点、输出节点、业务逻辑节点、知识库和数据节点等。

3.3.1 Coze 的工作流

Coze 中的工作流的概念与传统的工作流类似，但也有不同之处。传统工作流既可以手动，也可以自动执行，或者二者结合。Coze 的工作流是一种自动执行多个相关步骤的可复用流程，一个智能体可以使用多个工作流，智能体可以根据用户的行为选择并执行不同的工作流。

我们可以认为 Coze 中的智能体能够针对我们要完成的任务，设置工作流并将工作流自动化，而这正是我们能够零代码构建智能体并充分利用大模型能力的关键。

3.3.2 设置工作流

在 Coze 的应用开发页面（图 3–7）中，点击左上方“工作流”对应的“+”按钮，从弹出的菜单中选择“新建工作流”，如图 3–8 所示。

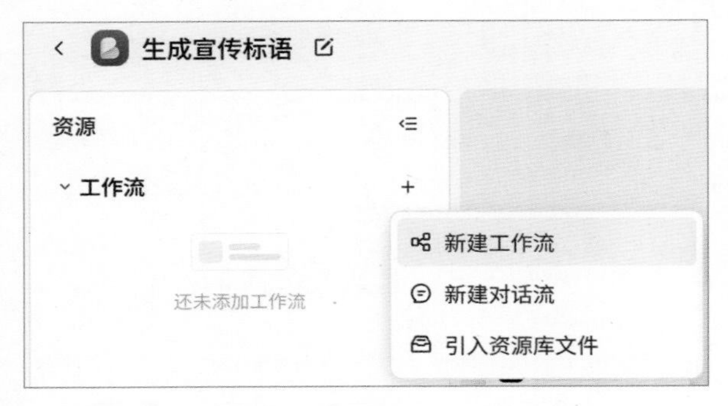

图 3–8

在弹出的“创建工作流”窗口中，我们为工作流起名为“Slogan_Workflow”，并且给出工作流描述，如图 3–9 所示。

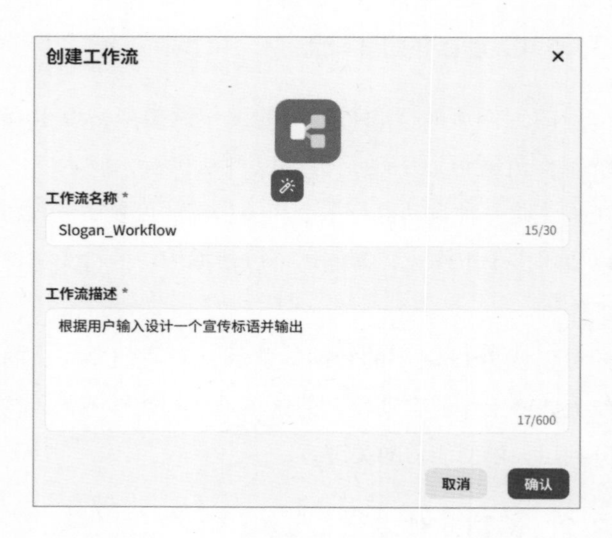

图 3–9

点击“确认”按钮后，进入工作流设置页面，这个页面默认包含两个工作流节点，分别是“开始”节点和“结束”节点，如图 3–10 所示。

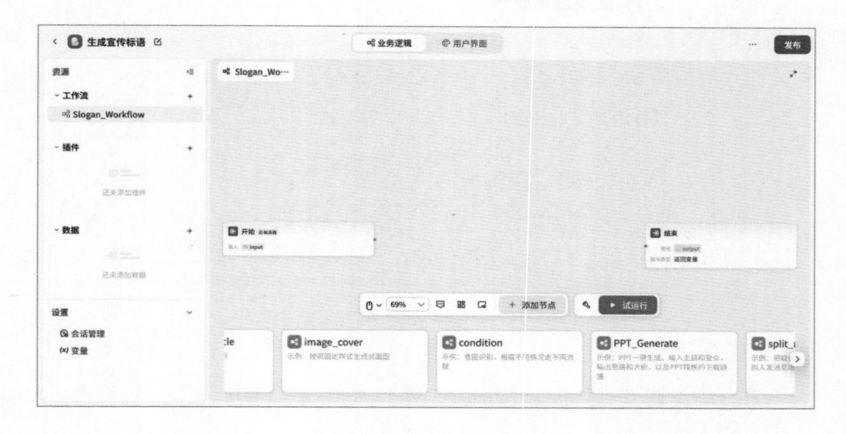

图 3–10

选中“开始”节点，页面右侧会弹出这个节点的属性栏。在属性栏中可以看到，“开始”节点已经有一个输入变量 input，如图 3–11 所示。

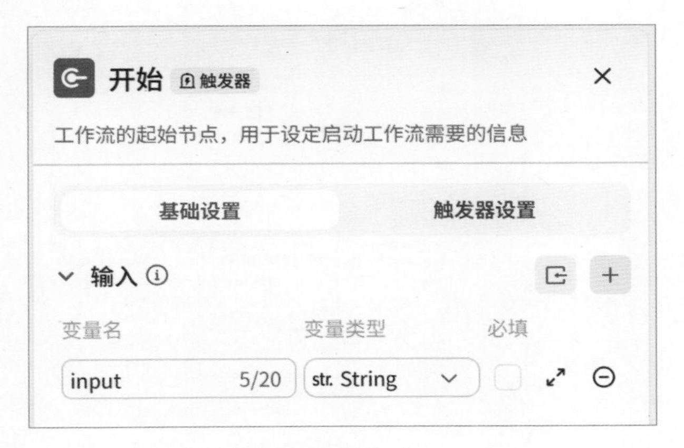

图 3–11

点击页面下方的“添加节点”按钮，选择“大模型”选项，增加一个利用大模型的节点，如图 3–12 所示。

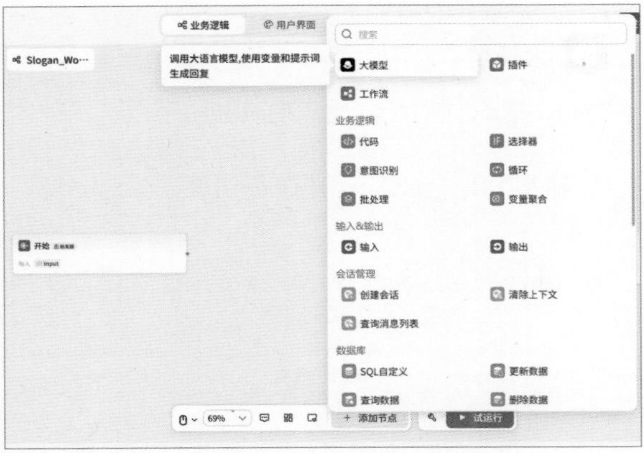

图 3–12

选中“大模型”节点，在其属性栏的“模型”下拉框中，可以选择你想调用的大模型。这里我们选用的是“DeepSeek-R1”，如图 3-13 所示。

图 3-13

为了和其他节点的输入变量作出区分，将大模型节点的输入变量名改为 content，如图 3-14 所示。

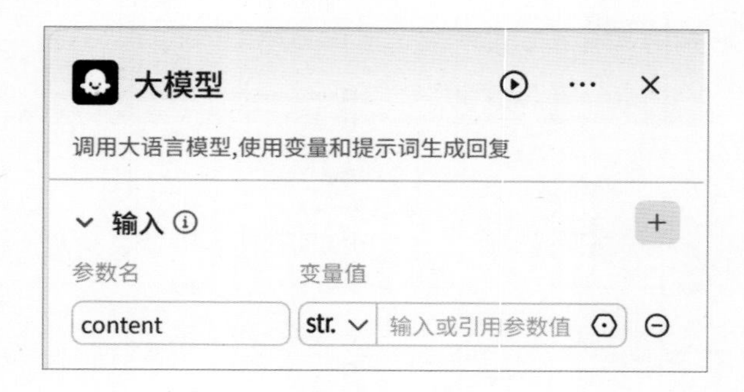

图 3-14

点击“开始”节点右边的小圆点，将其和“大模型”节点左边的小圆点连接起来，如图 3–15 所示。

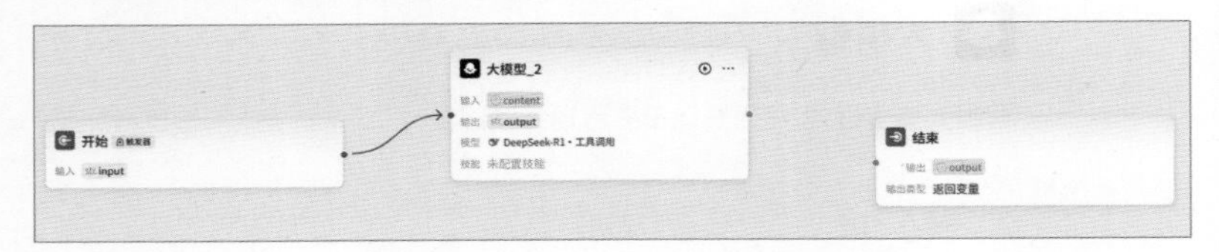

图 3–15

然后，在“大模型”节点的属性栏中，点击输入参数“content”右边的设置按钮，选择“开始”节点中的 input 参数作为其输入变量，如图 3–16 所示。

图 3–16

设置完成后，如图 3–17 所示。

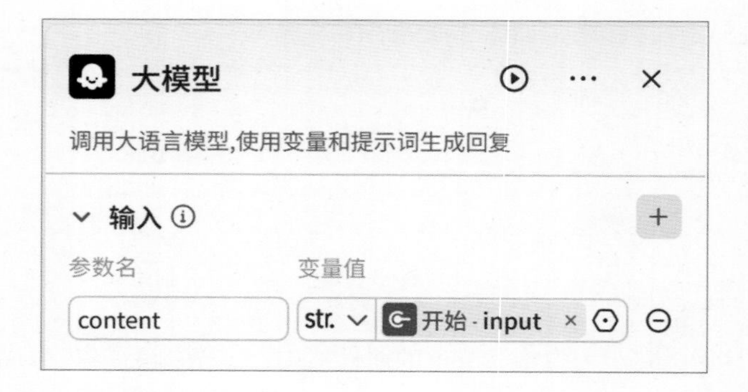

图 3–17

在“大模型”节点属性栏中的“系统提示词”部分，为该节点设置限定系统功能的提示词，如图 3–18 所示。系统提示词是一组指示模型行为和功能范围的指令，其中可以包括如何提问、如何提供信息、如何请求特定功能等。系统提示词还用于设定对话的边界，比如告知用户哪些类型的问题或请求是不被接受的。

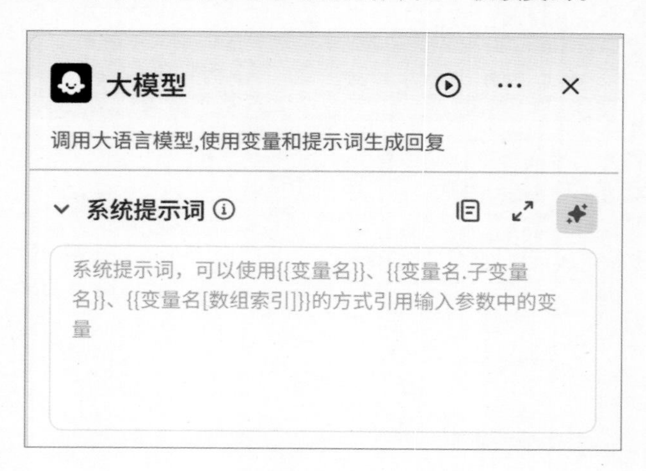

图 3–18

DeepSeek 官方给出的生成宣传标语的提示词如下，我们将这段提示词填入“大模型”节点属性栏中的“系统提示词”部分。

> 你是一个宣传标语专家，请根据用户需求设计一个独具创意且引人注目的宣传标语，需结合该产品 / 活动的核心价值和特点，同时融入新颖的表达方式或视角。请确保标语能够激发潜在客户的兴趣，并能给他们留下深刻印象。可以考虑采用比喻、双关或其他修辞手法来增强语言的表现力。标语应简洁明了，需要朗朗上口，易于理解和记忆；一定要押韵，不要太过书面化。只输出宣传标语，不用解释。

节点属性栏的“用户提示词”中通常用来放置直接的命令，告诉模型要执行的任务或意图。例如“帮我翻译下这段内容”。指令越清晰，模型的输出越符合你的实际需求。

首先输入“根据用户输入的内容生成宣传标语”，然后在“内容”两个字后面输入 {{}}，接下来会出现一个弹出框，选择“content”变量，如图 3–19 所示。

图 3–19

在节点属性栏的“输出”属性中，设置“输出格式”为“文本”，输出变量名使用 output，如图 3–20 所示。

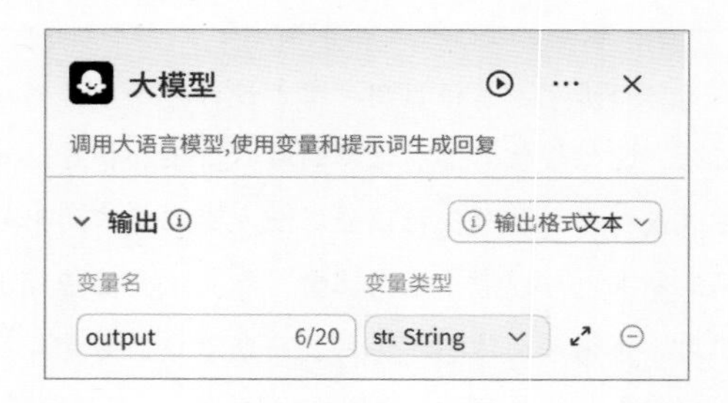

图 3–20

至此，大模型节点设置完成，效果如图 3–21 所示。

图 3–21

把“大模型”节点和“结束”节点连接起来。这样，3 个节点就形成了一个完整的工作流，如图 3-22 所示。

图 3-22

接下来，还需要设置“结束”节点的属性。在“结束”节点的属性栏中，选择“返回文本”选项卡，将 output 变量的“参数值”设置为“大模型”节点的 output 变量，如图 3-23 所示。

图 3-23

将“回答内容”设置为 {{output}}，并启用“流式输出”选项。“结束”节点的设置效果如图 3-24 所示。

图 3-24

至此，这个工作流就设置完成了。我们可以点击工作流页面下方的“试运行”按钮看一下效果，如图 3-25 所示。

图 3-25

在弹出的“试运行”窗口的 input 文本框中输入“生成‘运动鞋’的宣传标语”，点击窗口下方的“试运行”按钮，如图 3-26 所示。

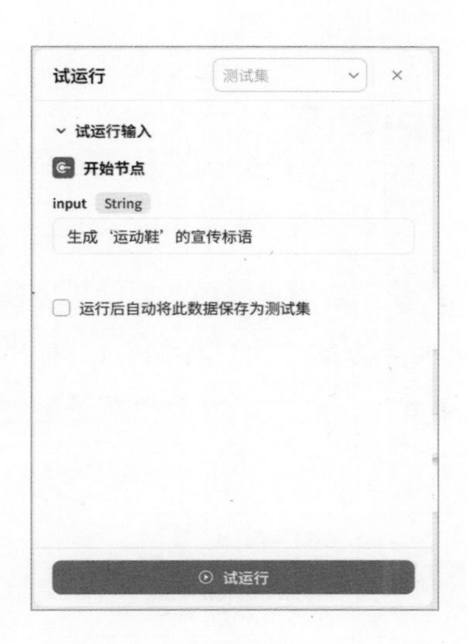

图 3-26

运行结果如图 3-27 所示。

试运行
测试集
试运行输入
开始节点
input String
生成“运动鞋”的宣传标语
运行后自动将此数据保存为测试集
运行结果
输出变量
output:"穿上此鞋似风飒，运动步伐超轻飘"
回答内容
"穿上此鞋似风飒，运动步伐超轻飘"
试运行

图 3-27

配套资源验证码：250424

3.4 搭建用户界面

接下来，我们搭建一个用户界面，以便更方便地使用智能体。

点击工作流页面上方的“用户界面”，如图 3–28 所示，选择 UI 类型为“桌面网页”，点击下方的“开始搭建”按钮，进入如图 3–29 所示的页面。

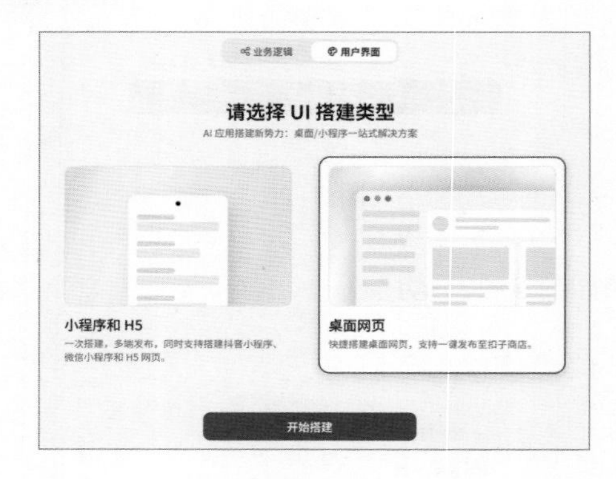

图 3–28

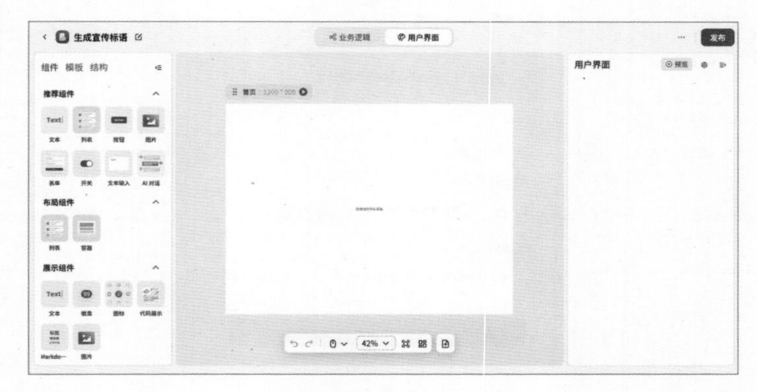

图 3–29

图 3-29 中左边是各种可供选择的 UI 组件。我们从中选择一个“表单”组件并将其拖动到用户界面，如图 3-30 所示。

图 3-30

选中表单中的任意组件，页面右侧会显示所选组件的属性栏，如图 3-31 所示。

图 3-31

从表单中删除 InputNumber1 组件（“输入数字”部分）和 Select1 组件（“请选择”部分）。选中“表单标题”（Text1 组件），在右边的属性栏中，将其“内容”属性改为“这是一个智能标语生成器”。选中“这是一个示例表单……”（Text2 组件），在右边的属性栏中，将其“内容”属性改为“这里会显示 DeepSeek 为您生成的标语”。修改好的表单组件如图 3-32 所示。

图 3-32

拖动一个布局组件“容器”到表单中的 Text2 组件（即“这里会显示 DeepSeek 为您生成的标语”）的下方，在其属性栏中，将该容器的“宽度”属性的“百分比”设置为 100%，如图 3-33 所示。

图 3-33

拖动一个展示组件“Markdown”到表单的“容器”组件中，在该 Markdown 组件的属性栏中，删除“内容”属性的默认内容。至此，我们基本完成了用户界面的组件布局，最终的用户界面效果如图 3-34 所示。

这是一个智能标语生成器

这里会显示DeepSeek为您生成的标语

请检查文本配置

请输入内容

请输入

按钮

图 3-34

你可以点击属性栏顶部的“预览”按钮，查看这个用户界面的样式。但是，因为我们还没有将用户界面和工作流整合起来，所以现在这个用户界面还只是一个框架，没有实际的功能。

3.5 整合与应用

接下来，我们把用户界面和工作流整合到一起，使用户界面的操作可以调用工作流，完成智能化生成标语的任务。

选中“按钮”（Button1 组件），在其属性栏中，将“内容”属性改为“生成”，如图 3–35 所示。

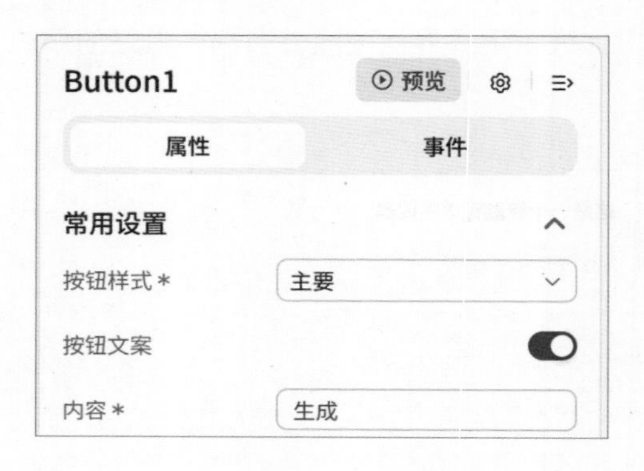

图 3–35

在 Button1 组件的属性栏中点击“事件”选项卡，如图 3–36 所示。

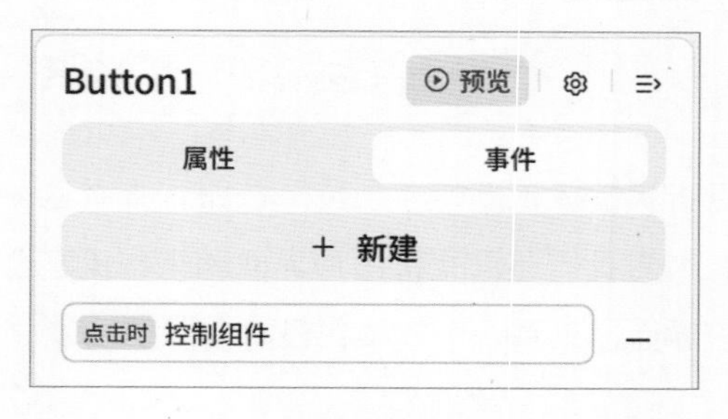

图 3–36

点击“ + 新建”按钮，创建一个事件。在弹出的“事件配置”窗口中，“事件类型”依然使用默认的“点击时”，而“执行动作”则要在下拉框中选择“调用工作流”，如图 3–37 所示。

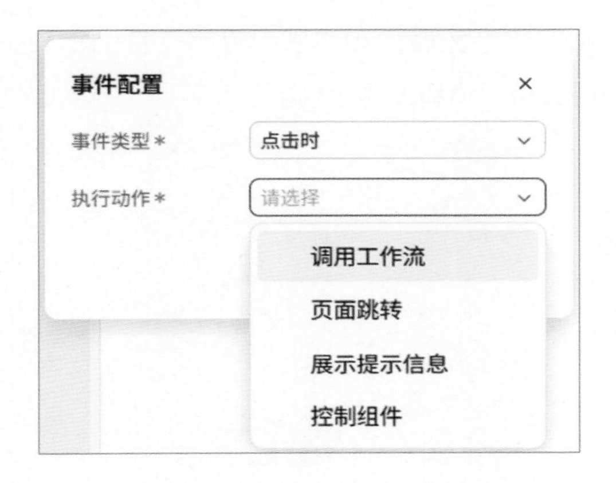

图 3-37

随后，“事件配置”窗口中会出现一些新的内容。在“Workflow”的下拉菜单中选中已创建的工作流“Slogan_Workflow”，如图 3-38 所示。

图 3-38

接下来，在“input”下面的文本框中点击“(x)”，选中组件 Textarea1，然后选择这个组件的变量 value，这里也可以直接输入

{{ Textarea1.value }}。然后，在“成功提示”后面的对话框中输入“工作流调用成功”，如图 3–39 所示。

图 3–39

选中 Markdown1 组件，在其属性栏中，点击“内容”属性框中的“*(x)*”，选择“Slogan_Workflow”下的“data”变量，如图 3–40 所示。

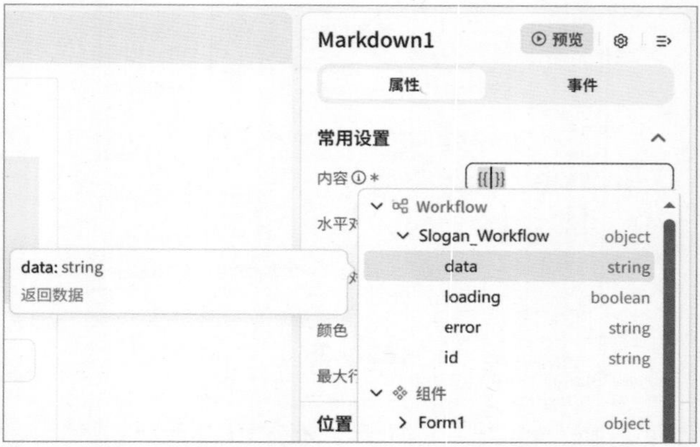

图 3–40

设置好的 Markdown1 组件的“内容”属性如图 3-41 所示。

图 3-41

现在，生成宣传标语的智能体就全部完成了。

点击属性栏顶部的“预览”按钮，就可以看到智能体的用户界面。

在输入框中输入“为第九届亚洲冬季运动会生成一条宣传标语”，点击下方的“生成”按钮，可以看到这个智能体调用 DeepSeek 生成了一条宣传标语“热雪燃冬，跃动亚洲！”，如图 3-42 所示。怎么样，还不错吧！

这是一个智能标语生成器

这里会显示DeepSeek为您生成的标语

热雪燃冬，跃动亚洲！

请输入内容

为第九届亚洲冬季运动会生成一条宣传标语

生成

图 3-42

你还可以点击页面右上角的“发布”按钮，将它发布到指定平台，如图 3–43 所示。

图 3–43

至此，我们没有写一行代码，就完成了一个属于自己的基于 DeepSeek 大模型的智能体。

04

第4章 调用 DeepSeek API 进行 AI 编程

第 1 章介绍了使用 DeepSeek 的 4 种方式，其中一种是通过 API 调用。在本章中，我们将通过 VS Code 和 AI 插件 Cline，调用 DeepSeek API 来实现 AI 编程，包括完全依靠 AI 编程自动生成一个类似 DeepSeek 的网站，以及对 Python 程序实现自动代码补全。

4.1 申请 DeepSeek 的 API

DeepSeek 的 API 是一套编程接口，允许开发者将 DeepSeek 的 AI 功能集成到自己的应用程序或服务中。DeepSeek 的 API 通常包括自然语言处理、计算机视觉、语音识别等功能，具体功能取决于 DeepSeek 所提供服务的范围。

要使用 DeepSeek 的 API，开发者需要进行如下操作。

- **注册并获取 API 密钥**：在 DeepSeek 平台注册账户，并获取用于身份验证的 API 密钥。
- **阅读 API 文档**：了解 API 的调用方式、参数、返回结果等信息。
- **集成 API**：在代码中调用 API，处理返回的数据。

我们先来获取 DeepSeek 的 API 密钥。打开 DeepSeek 的官网，如图 4-1 所示。

图 4–1

点击右上角的“API 开放平台”，弹出登录界面。输入手机号和验证码进行登录，如图 4–2 所示。

图 4–2

进入 DeepSeek 的开放平台界面，如图 4–3 所示。

图 4–3

在 DeepSeek 开放平台的左侧边栏中，点击“API keys”进入图 4–4 所示页面，点击“创建 API key”按钮创建一个 API key 并命名为“API Key of DeepSeek”。创建完成后，请将 API key 复制并保存在一个安全且易于访问的位置，因为 DeepSeek 出于安全原因，不允许用户通过 API keys 管理界面再次查看这个 Key。如果你丢失了这个 Key，需要重新创建。此外，请妥善保管你的 Key，防止泄露，以免造成安全问题。

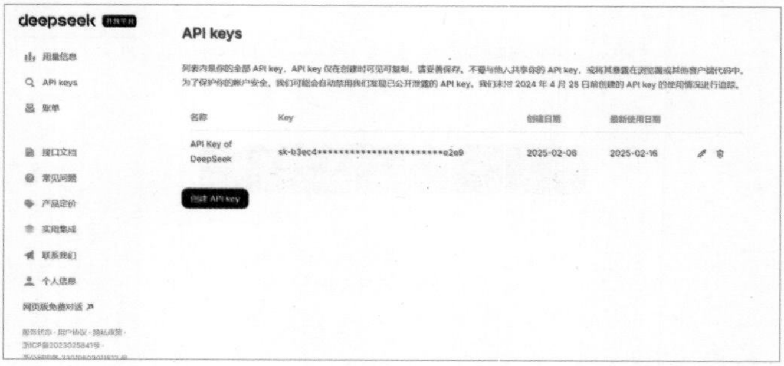

图 4–4

在左侧边栏中，点击“接口文档”就可以查看 DeepSeek API 的官方文档，如图 4–5 所示。

图 4–5

4.2 安装 VS Code 和 AI 插件 Cline

有了 DeepSeek API Key，并且了解了如何查阅 API 文档，下一步就可以集成和调用 API，充分利用它的 AI 功能来实现任务了。

要集成和调用 DeepSeek 的 API，首先需要一个集成开发环境和相关的功能插件。在这里，我们选择 VS Code 和 Cline。

4.2.1 VS Code 和 Cline 简介

Visual Studio Code（简称 VS Code）是一款由微软开发的开源代码编辑器，以其轻量级、高性能和丰富的功能而受到开发者的广泛欢迎。

Cline 是一个强大的 AI 编程助手，专为 VS Code 设计，它通过接入大语言模型（如 DeepSeek、OpenAI 和 Ollama 等）实现代码自动生成、优化和任务自动化等功能。

Cline 提供了多种强大的功能，具体如下。

- **智能代码补全**：根据上下文提供精准的代码补全建议，支持多种编程语言（如 Python、JavaScript、Java、C++ 等）。
- **代码生成与重构**：根据开发者用自然语言描述的需求，自动生成代码片段或重构现有代码，优化代码结构和可读性。
- **错误检测与修复**：实时检测代码中的错误并提供修复建议，缩短调试时间。
- **文件操作与终端命令执行**：支持创建、编辑文件，执行终端命令，并监控输出结果。
- **网页开发辅助**：可以在浏览器中打开指定的网址（URL），模拟用户访问，捕获屏幕截图和控制台日志，帮助开发者修复运行时错误。
- **多模型支持**：支持多种 AI 模型（如 DeepSeek、通义千问、OpenAI 等），用户可以根据需求选择最适合的模型。

4.2.2 安装 VS Code

在 VS Code 官网根据自己的操作系统（Windows、macOS、Linux）下载合适的安装包。

下载完成后，双击安装文件，启动安装程序。安装之初，需要接受协议、设置安装路径、选择开始菜单目录，以及进行一系列配置。配置完成后，正式开始安装，如图 4-6 所示。根据你安装的版本和你的计算机的硬件配置，这个过程所需的时间长短略有不同。

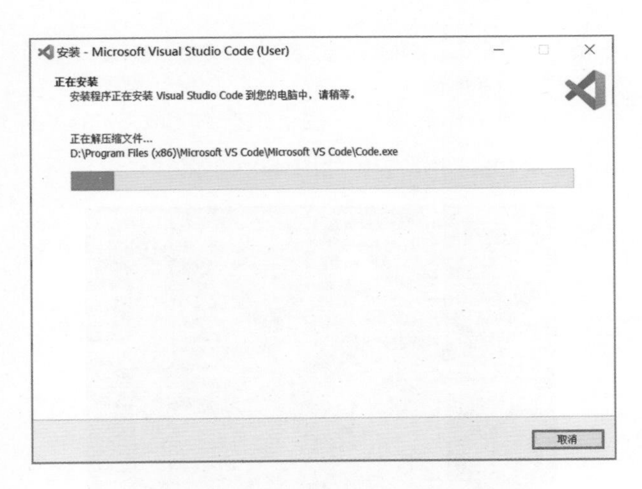

图 4–6

完成安装后，启动 VS Code。如果要切换为中文界面，按下组合键 Ctrl+Shift+P，在搜索栏中输入“Configure Display Language”，把语言改为简体中文即可，如图 4–7 所示。

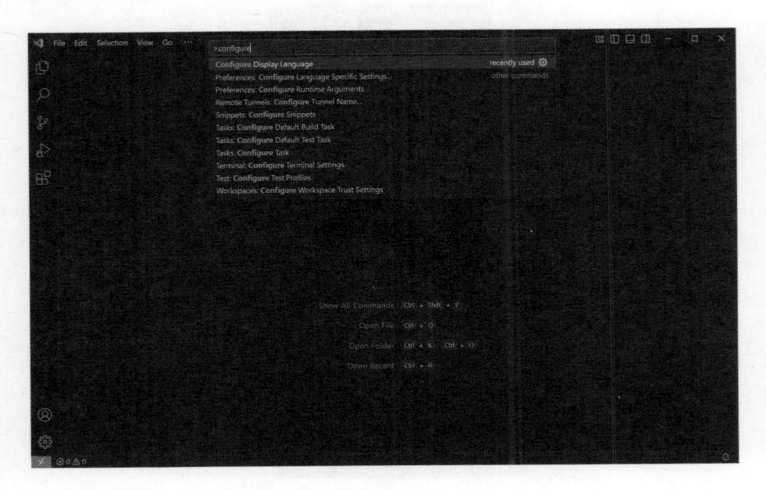

图 4–7

4.2.3 安装 Cline 并配置 DeepSeek API

在 VS Code 的工作界面中，按下组合键 Ctrl+Shift+X 打开应用扩展商店，搜索 Cline 并安装，如图 4-8 所示。

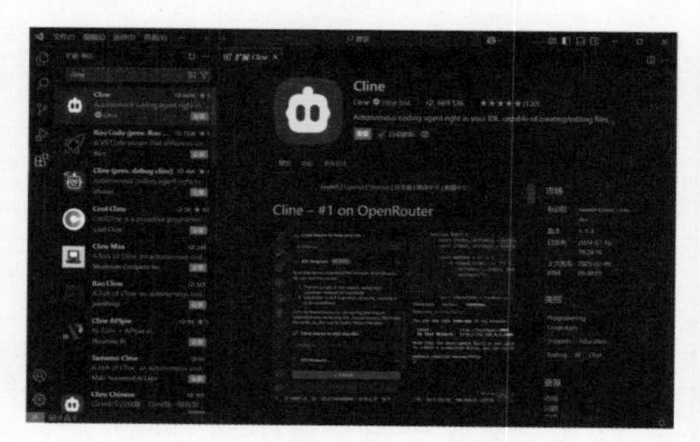

图 4-8

完成安装后，左边栏中出现了 Cline 的图标，点击此图标，弹出 Cline 窗口，如图 4-9 所示。

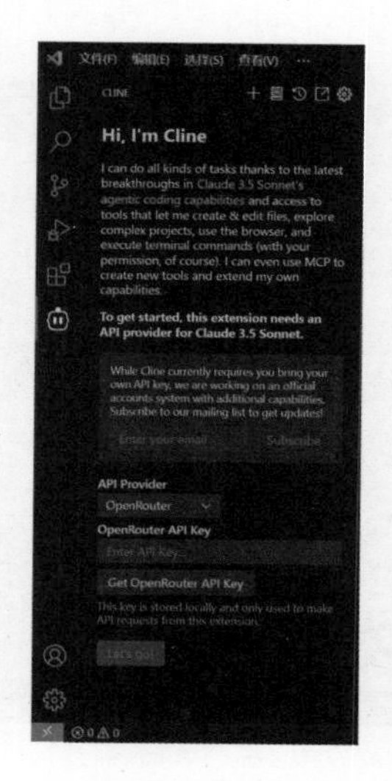

图 4-9

点击 Cline 窗口右上角的“设置”图标，进入设置界面。在“API Provider”下拉框中选择 DeepSeek，如图 4-10 所示。

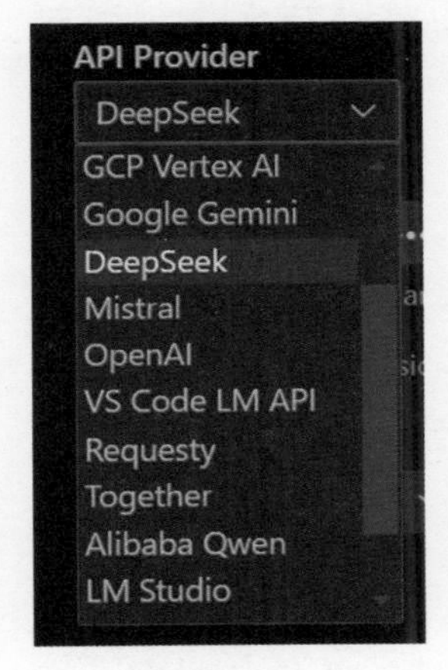

图 4-10

在“DeepSeek API Key”输入框中输入你自己的 DeepSeek API Key。在“Model”下拉框中可以选择 deepseek-chat 或 deepseek-reasoner。deepseek-chat 调用的是 DeepSeek-V3 模型，而 deepseek-reasoner 调用的是 DeepSeek 的推理模型 DeepSeek-R1。我们选择 deepseek-reasoner，然后点击窗口右上角的“Done”按钮。这样，我们就在 Cline 插件中把 DeepSeek-R1 配置好了，如图 4-11 所示。

图 4–11

万事俱备，只欠东风了！

现在，我们就可以在 VS Code 中通过 Cline 插件调用 DeepSeek API 来完成各种专业性较强的任务了。你只需要尽可能准确、细致地描述你的需求，剩下的复杂、繁重的工作，交给 DeepSeek 就好了！

接下来，我们通过两个应用案例，来看看调用 DeepSeek API 能够做些什么。

4.3 应用案例1：自动生成一个类似DeepSeek的网页版程序

在本节中，我们调用DeepSeek API生成一个类似DeepSeek的网页版程序。

我们提出如下需求：

> 请帮我创建一个类似DeepSeek的程序，使用html和JavaScript技术，页面风格尽量接近https://chat.deepseek.com/，DeepSeek的API调用请参见文档https://api-docs.deepseek.com/zh-cn/。

在Cline窗口下方的任务输入框中，输入上述需求，如图4-12所示。

图4-12

按下回车键后，Cline会调用DeepSeek API来执行任务，我们刚才在任务输入框中输入的内容出现在任务列表中，如图4-13所示。

图 4-13

此时，在任务栏下方的 API Request 标题栏下，可以看到 Cline 会调用 DeepSeek 进行思考（即开始推理），如图 4-14 所示。

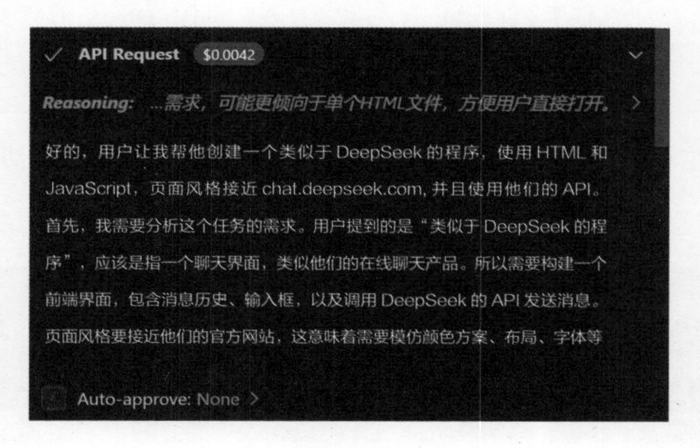

图 4-14

DeepSeek 经过推理后，给出的解决方案如下：

首先分析用户需求：创建一个类似 DeepSeek 的网页版聊天应用，需要实现以下核心功能。

- 聊天界面布局：消息历史区、输入区、发送按钮。

- API调用功能：通过DeepSeek API实现对话交互。
- 样式风格匹配：参考DeepSeek官网的极简科技风格。
- 响应式设计：适配不同屏幕尺寸。

当前工作目录为空，需要创建以下文件。

- index.html：主页面结构。
- style.css：样式定义。
- App.js：聊天逻辑实现。

需要获取以下关键信息。

- DeepSeek API密钥（需用户提供）。
- API端点地址（根据文档假设为官方示例地址）。

需考虑以下安全问题。

- API密钥在前端暴露存在风险，但演示用途可暂时实现。
- 正式环境应通过后端服务代理API调用。

下一步行动如下。

- 创建基础页面框架。
- 实现核心聊天功能。
- 应用样式风格。
- 添加API集成。

几乎与此同时，Cline开始调用DeepSeek自动生成index.html文件。此时，VS Code编辑器会分为两栏——右边栏中是预生成的代码，左边栏中是保存后的代码，如图4-15所示。可以看到，目前还只有右边栏中预生成的代码，左边栏中尚未保存任何代码。

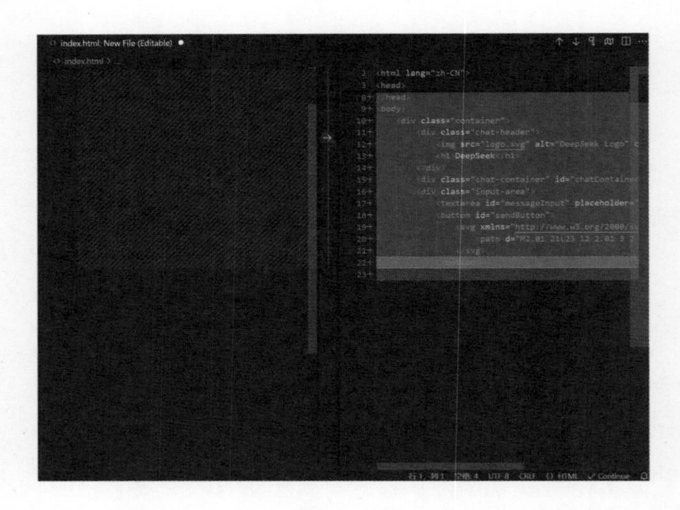

图 4–15

在 Cline 窗口中，Cline 会提示你创建 index.html 文件，你可以选择保存（Save）或拒绝（Reject），并设置文件路径，如图 4–16 所示。这里，我们要保存代码，所以点击“Save”按钮。

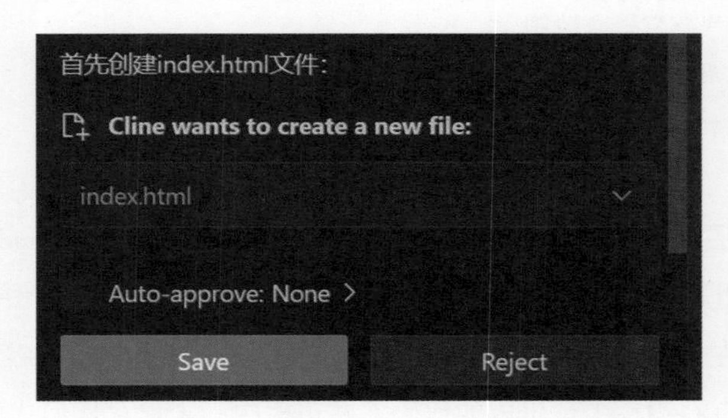

图 4–16

此时，html 文件会保存到指定的位置，同时编辑器右边栏中的代码会同步到左边栏中，编辑器又变成了单栏，如图 4–17 所示。

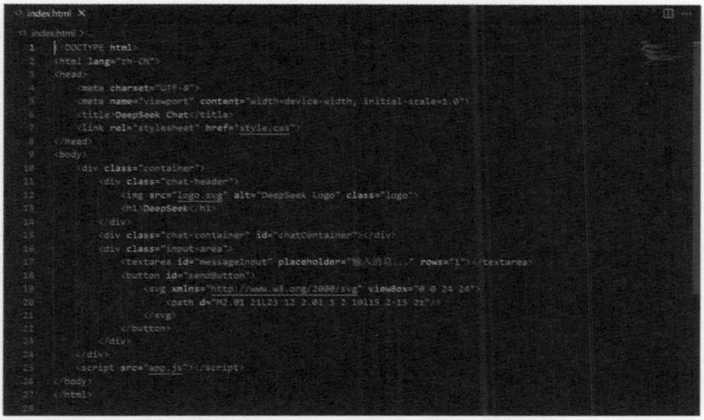

图 4-17

接下来，Cline 会继续生成 style.css 文件和 App.js 文件，同样是先预生成代码，等待用户确认保存后，把编辑器右边栏中的代码同步到左边栏中。生成的 style.css 文件和 App.js 文件如图 4-18 和图 4-19 所示。

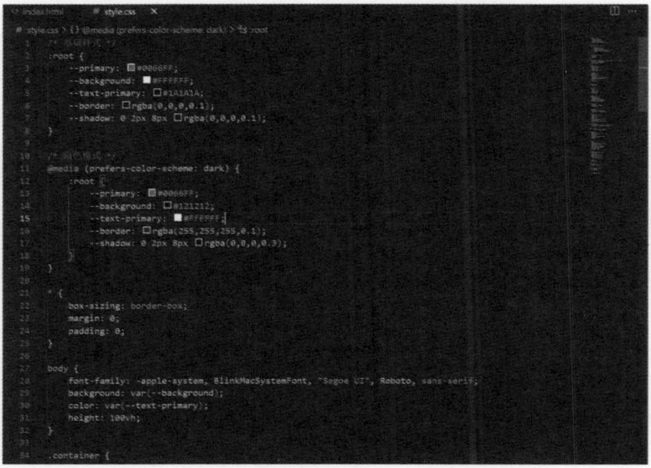

图 4-18

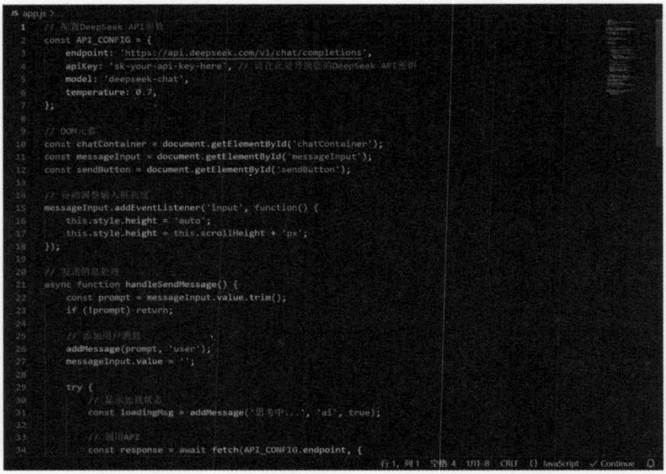

```javascript
// 配置DeepSeek API参数
const API_CONFIG = {
    endpoint: 'https://api.deepseek.com/v1/chat/completions',
    apiKey: 'sk-your-api-key-here', // 请在此处替换您的DeepSeek API密钥
    model: 'deepseek-chat',
    temperature: 0.7,
};

// DOM元素
const chatContainer = document.getElementById('chatContainer');
const messageInput = document.getElementById('messageInput');
const sendButton = document.getElementById('sendButton');

// 自动调整输入框高度
messageInput.addEventListener('input', function() {
    this.style.height = 'auto';
    this.style.height = this.scrollHeight + 'px';
});

// 发送消息处理
async function handleSendMessage() {
    const prompt = messageInput.value.trim();
    if (!prompt) return;

    // 添加用户消息
    addMessage(prompt, 'user');
    messageInput.value = '';

    try {
        // 显示加载状态
        const loadingMsg = addMessage('思考中...', 'ai', true);

        // 调用API
        const response = await fetch(API_CONFIG.endpoint, {
```

图 4–19

请注意，在 App.js 代码的第 4 行，Cline 给出了一条注释“请在此处替换您的 DeepSeek API 密钥”，提示用户这里要用自己的 DeepSeek API Key 替换掉代码中的“sk–your–api–key–here”。假设我的 DeepSeek API Key 是 sk–liqiang d5c9334777a50ebe2test1224，替换后的效果如图 4–20 所示。

```javascript
// 配置DeepSeek API参数
const API_CONFIG = {
    endpoint: 'https://api.deepseek.com/v1/chat/completions',
    apiKey: 'sk-liqiang d5c9334777a50ebe2test1224', // 请在此处替换您的DeepSeek API密钥
    model: 'deepseek-chat',
    temperature: 0.7,
};
```

图 4–20

此时，Cline 窗口中会显示任务完成的相关信息。

Task Completed

DeepSeek 聊天应用已准备就绪，主要功能如下。

- 符合官方 UI 风格的聊天界面。
- 支持 Markdown 格式的消息渲染。
- 自动历史记录保存（localStorage）。
- 流式响应处理（需升级到专业版 API）。

使用方法如下。

- 访问 DeepSeek API 控制台获取密钥：https://platform.deepseek.com/api-keys。
- 使用文本编辑器打开 App.js 文件。
- 替换第 4 行的 'sk-your-api-key-here' 为实际密钥。
- 保存文件后刷新浏览器页面即可开始对话。

安全增强建议如下。

- 添加频率限制（每分钟最多请求 3 次）。
- 实现消息历史加密存储。
- 增加用户身份验证模块。

Cline 会询问是否运行代码，如图 4-21 所示。

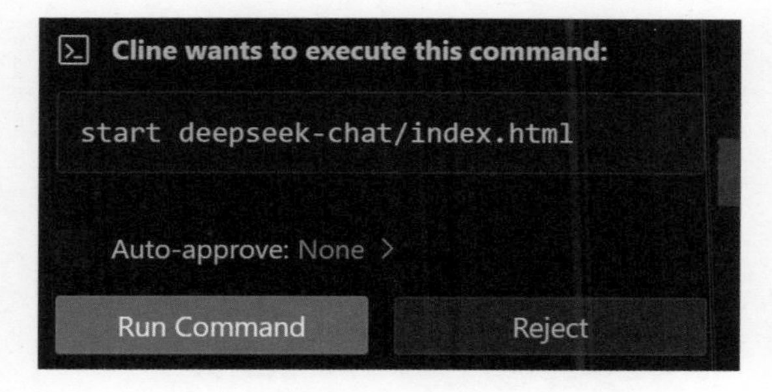

图 4-21

点击“Run Command”按钮后，浏览器自动打开一个类似 DeepSeek 的网页版程序，如图 4–22 所示。

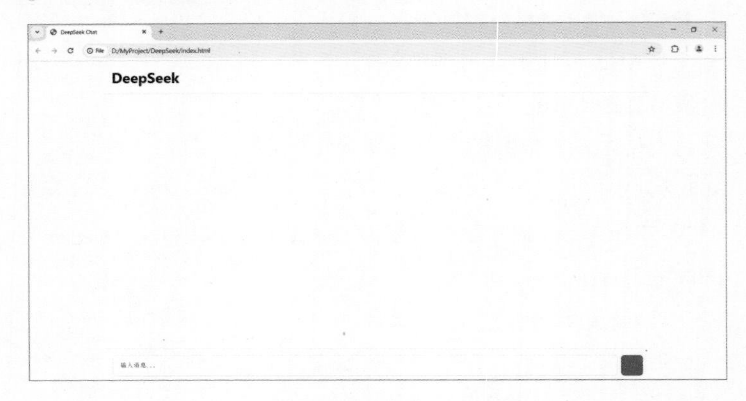

图 4–22

现在，我们可以动手尝试一下这个 AI 自动生成的类似 DeepSeek 的网页版程序。输入提示词“你认为 DeepSeek 开源后，会给 AI 带来什么样的变革”，可以看到这个类似 DeepSeek 的网页版程序的回答，如图 4–23 所示。

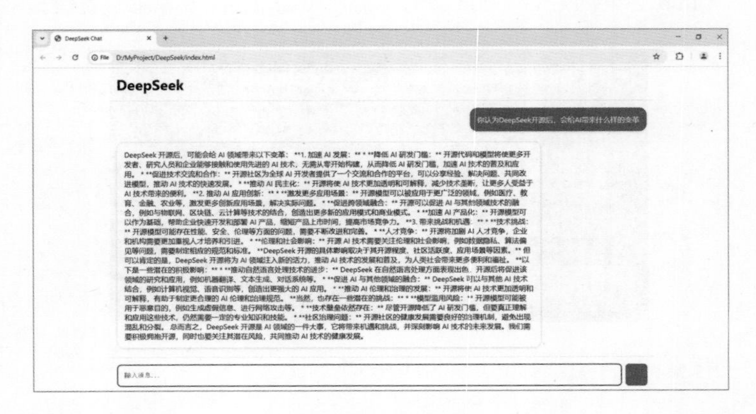

图 4–23

4.4 应用案例 2：Python 代码补全

在本节中，我们将实现一个 Python 代码补全的案例。给定一个计算斐波那契数列函数的 Python 程序，请 DeepSeek 来把代码补全。

在 VS Code 中打开待补全的程序“FIM 补全 .py”，如图 4-24 所示。目前代码中缺少一段用于计算斐波那契数列的 response 函数的代码。

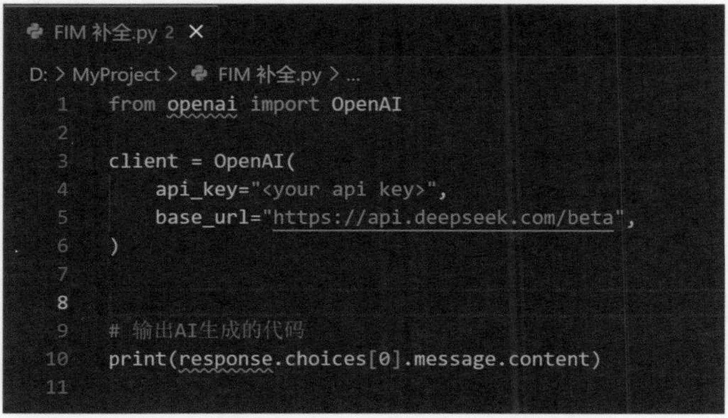

```
FIM 补全.py 2 ×
D: > MyProject > FIM 补全.py > ...
 1  from openai import OpenAI
 2
 3  client = OpenAI(
 4      api_key="<your api key>",
 5      base_url="https://api.deepseek.com/beta",
 6  )
 7
 8
 9  # 输出AI生成的代码
10  print(response.choices[0].message.content)
11
```

图 4-24

我们的需求描述如下：

> 请把“FIM 补全 .py”这个程序补全，这是通过 AI 来计算斐波那契数列函数的程序，请把 response 函数补充完整。

将上述需求输入 Cline 的任务输入框中，按下回车键后，Cline

开始调用 DeepSeek API 执行任务，如图 4-25 所示。

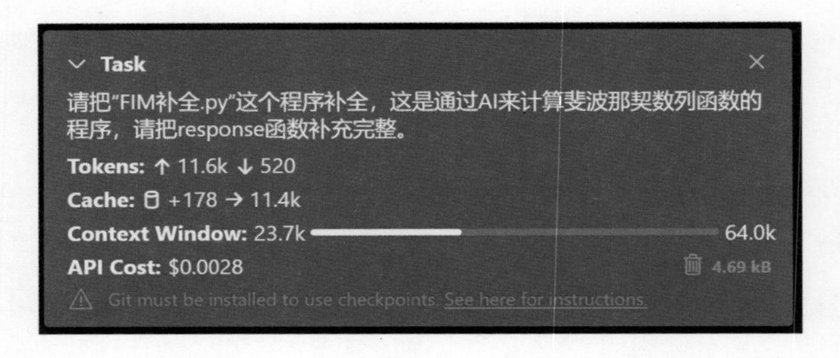

图 4-25

DeepSeek 对这个任务进行推理，并且展示出如下的推理过程：

Reasoning

好的，用户让我补全“FIM 补全.py”中的 response 函数，这个程序是用来通过 AI 计算斐波那契数列的。

首先，我需要查看当前文件的内容，了解已有的代码结构，特别是 response 函数需要补全的部分。根据环境信息，文件“FIM 补全.py”存在于当前工作目录中，并且是 VS Code 的可见文件和打开的标签页。

所以第一步应该使用 read_file 工具读取该文件的内容，确认现有的代码结构。

读取文件后，我需要分析现有的代码，找到需要补全的 response 函数的位置。

用户提到这是一个斐波那契数列的计算程序，可能涉及 AI 部分的调用，比如使用模型生成结果。可能需要检查函数参数和已有的逻辑，确定如何正确补全。

假设在 response 函数中，需要处理用户输入的斐波那契数列项数，然后调用 AI 模型生成结果，并返回相应的答案。

补全的部分可能包括解析输入、计算斐波那契数列，以及格式化输出。
需要注意的是，斐波那契数列的计算逻辑是否正确，是否有递归或迭代的实现方式，以及如何处理较大的输入值。
同时，还要确保与现有代码的兼容性，比如参数传递和返回格式是否符合预期。
在补全代码时，可能需要使用 replace_in_file 工具，定位到 response 函数的位置，用正确的实现替换原有的占位符或注释。
需要确保 SEARCH 块精确匹配现有代码，避免因格式或缩进问题导致替换失败。
完成代码补全后，建议用户运行测试命令，如 python "FIM 补全.py"，验证程序是否正确计算斐波那契数列。
同时，检查是否有语法错误或逻辑错误，必要时进行调试。
总之，步骤是：读取文件内容→分析需要补全的部分→编写正确的代码→使用替换工具修改文件→建议运行测试命令。

接下来，Cline 会询问是否允许读取这个文件，我们点击“Approve”按钮，允许读取需要补全的程序文件，如图 4-26 所示。

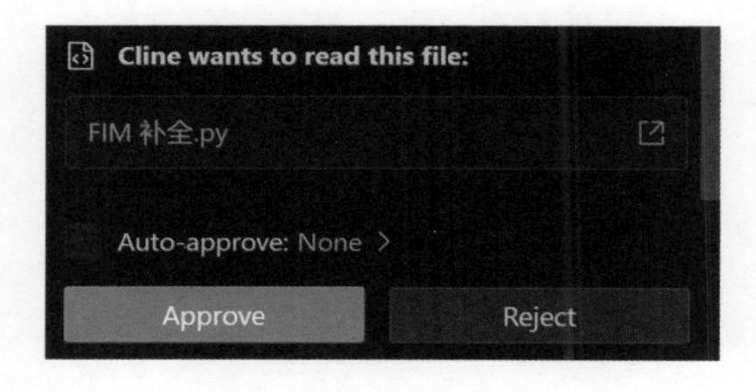

图 4-26

读取文件之后，DeepSeek 继续推理如下[1]。

Reasoning

好的，我现在需要帮助用户补全他们的 Python 脚本“FIM 补全.py”。用户提到这是一个通过 AI 计算斐波那契数列的程序，需要补充 response 函数。

首先，我需要仔细分析现有的代码结构，确定缺失的部分在哪里，以及如何正确补全。

- 当前代码缺少 API 请求的构造部分。
- print 语句中的 response 变量未定义。
- 需要实现计算斐波那契数列的功能。

根据 openai 库的标准用法，需要进行如下操作。

- 构造完整的 ChatCompletion 请求。
- 添加合适的 prompt 让 AI 生成斐波那契函数。
- 使用正确的响应字段（应为 message.content）。

同时需要注意如下事项。

- 保留原有的 API 配置（base_url）。
- 保持代码结构完整性。
- 使用中文注释说明。

此时，和 4.3 节的应用案例 1 一样，VS Code 编辑器会分为两栏——左边栏显示待补全的代码，右边栏显示 Cline 自动补全的代码，如图 4–27 所示。

1 DeepSeek 的推理内容较长，展示了其深度思考的过程，为了节约篇幅，此处只展示其中一小段内容。

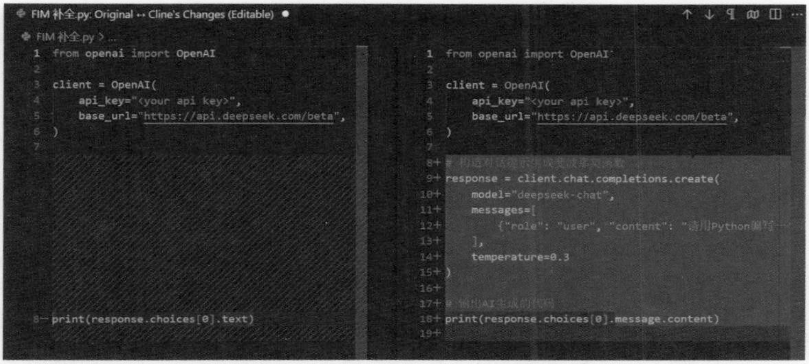

FIM 补全.py: Original ↔ Cline's Changes (Editable)
FIM 补全.py > ...
from openai import OpenAI
client = OpenAI(
api_key="<your api key>",
base_url="https://api.deepseek.com/beta",
)
print(response.choices[0].text)
from openai import OpenAI
client = OpenAI(
api_key="<your api key>",
base_url="https://api.deepseek.com/beta",
)
response = client.chat.completions.create(
model="deepseek-chat",
messages=[
{"role": "user", "content": "请用Python编写一
],
temperature=0.3
)
print(response.choices[0].message.content)

图 4-27

在 Cline 窗口中，Cline 会询问是否保存代码，我们要保存代码，所以点击“Save”按钮，如图 4-28 所示。

Cline wants to edit this file:
d:/MyProject/FIM 补全.py
Auto-approve: None >
Save
Reject

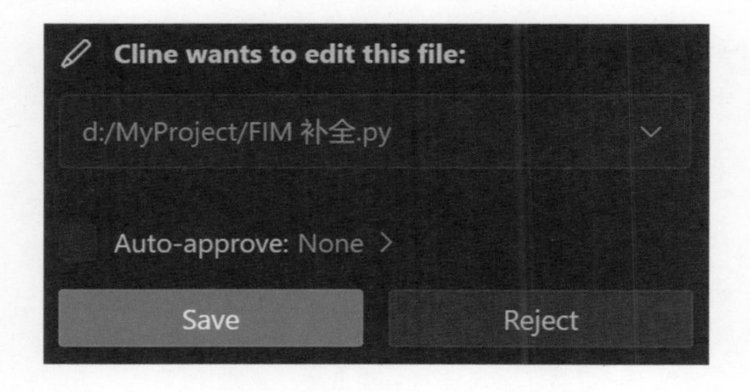

图 4-28

此时，编辑器恢复为单栏，Cline 自动补充的代码内容被添加到了原代码文件中，如图 4-29 所示。

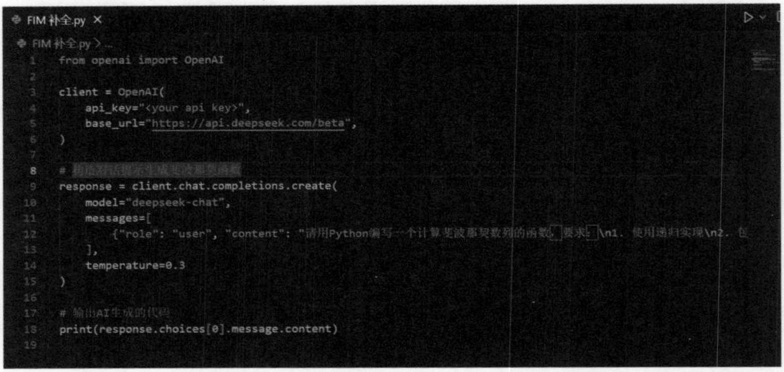

```python
from openai import OpenAI

client = OpenAI(
    api_key="<your api key>",
    base_url="https://api.deepseek.com/beta",
)

# [illegible]
response = client.chat.completions.create(
    model="deepseek-chat",
    messages=[
        {"role": "user", "content": "请用Python编写一个计算斐波那契数列的函数，要求：\n1. 使用递归实现\n2. 包
    ],
    temperature=0.3
)

# 输出AI生成的代码
print(response.choices[0].message.content)
```

图 4-29

此时，Cline 窗口中会显示任务完成的相关信息：

> Task Completed
>
> 已补全“FIM 补全.py”程序，主要修改内容如下。
>
> · 添加了完整的 ChatCompletion API 请求。
>
> · 设置了生成斐波那契函数的详细 prompt 要求。
>
> · 修正了响应字段从 text 到 message.content 的访问方式。
>
> · 添加了中文注释说明。
>
> 使用前请确保如下内容。
>
> · 已安装 openai 库（可通过 pip install openai 安装）。
>
> · 已将 api_key 替换为有效的 DeepSeek API Key。

和 4.3 节中的操作类似，我们把第 4 行的 <your api key> 替换为自己的 DeepSeek API Key，这个程序就完成了。程序的运行效果如图 4-30 所示。

````
Python 3.11.4 (tags/v3.11.4:d2340ef, Jun  7 2023, 05:45:37) [MSC v.1934 64 bit (AMD64)] on win32
Type "help", "copyright", "credits" or "license()" for more information.

= RESTART: D:\My Project\FIM 补全.py
下面是一个使用递归实现的斐波那契数列计算函数，包含了函数文档字符串，并且处理了 `n` 小于 1 的情况：

```python
def fibonacci(n):
    """
    计算斐波那契数列的第n项。

    参数:
    n (int): 要计算的斐波那契数列的项数。

    返回:
    int: 斐波那契数列的第n项的值。如果n小于1，返回None。

    示例:
    >>> fibonacci(0)
    None
    >>> fibonacci(1)
    1
    >>> fibonacci(10)
    55
    """
    if n < 1:
        return None
    elif n == 1 or n == 2:
        return 1
    else:
        return fibonacci(n - 1) + fibonacci(n - 2)

# 示例用法
print(fibonacci(0))   # 输出: None
print(fibonacci(1))   # 输出: 1
print(fibonacci(10))  # 输出: 55
```

### 解释：
1. **递归实现**：函数 `fibonacci(n)` 通过递归调用自身来计算斐波那契数列的第 `n` 项。
2. **函数文档字符串**：函数的文档字符串描述了函数的功能、参数、返回值以及示例用法。
3. **处理 `n` 小于 1 的情况**：如果 `n` 小于 1，函数返回 `None`，表示无效输入。

### 注意：
- 递归实现的斐波那契数列计算在 `n` 较大时效率较低，因为会重复计算很多子问题。对于较大的 `n`，可以考虑使用动态规划或迭代方法来优化性能。
````

图 4-30

05

第5章 DeepSeek 本地化安装部署

在线使用 DeepSeek 时，可能会遇到各种问题，如网络延迟、数据隐私不安全等。为了解决这些问题，我们可以将 DeepSeek 部署到本地计算机中，以获得更加便捷、高效且安全的使用体验。

5.1 认识和安装 Ollama

要在本地计算机中部署 DeepSeek，我们需要先安装一个叫 Ollama 的软件。

Ollama 是一个专为在本地便捷部署和运行大语言模型而设计的开源框架。Ollama 不仅简化了大语言模型的部署过程，还提供了轻量级与可扩展的架构，使得研究人员、开发人员和技术爱好者能够更加方便地在本地环境中运行和定制大语言模型。通过 Ollama，用户可以在本地轻松实现文本生成、翻译、问答、代码生成等功能，极大地方便了大语言模型的应用，拓展了其使用范围。

Ollama 具有如下特点。

- **预构建模型库。**Ollama 提供了一个包含一系列预先训练好的大语言模型的库，用户可以将这些模型直接用于自己的应用程序，无须从头训练或自行寻找模型源。
- **API 支持。**Ollama 提供了一个简洁的 API，使开发者能够轻松创建、运行和管理大语言模型实例，降低了与模型交互的技术门槛。
- **跨平台支持。**Ollama 可以用于 Windows、macOS、Linux 等操作系统，还可以应用于 Docker，确保用户能在多种平台上顺利部署和使用。
- **自定义提示词。**Ollama 允许用户为模型添加或修改提示词，以引导模型生成特定类型或风格的内容。

打开 Ollama 官网，如图 5-1 所示。点击“Download”按钮下载安装包。

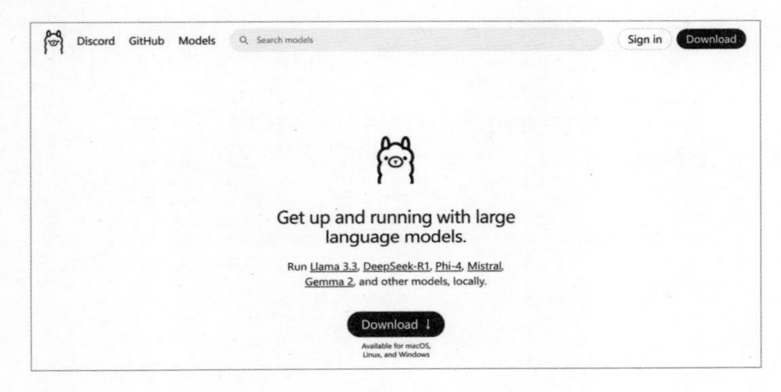

图 5-1

下载完成后，双击安装文件，启动安装程序，如图 5-2 所示。

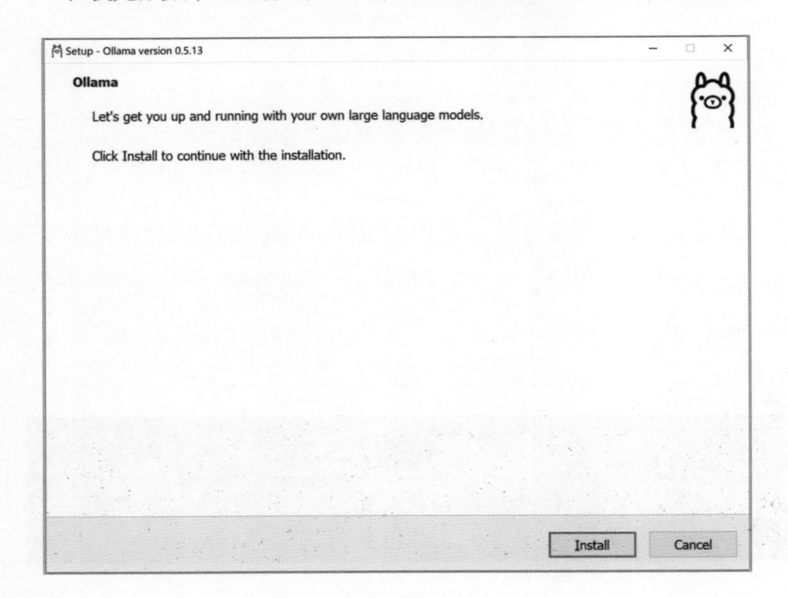

图 5-2

点击“Install”按钮，开始安装，如图 5-3 所示。

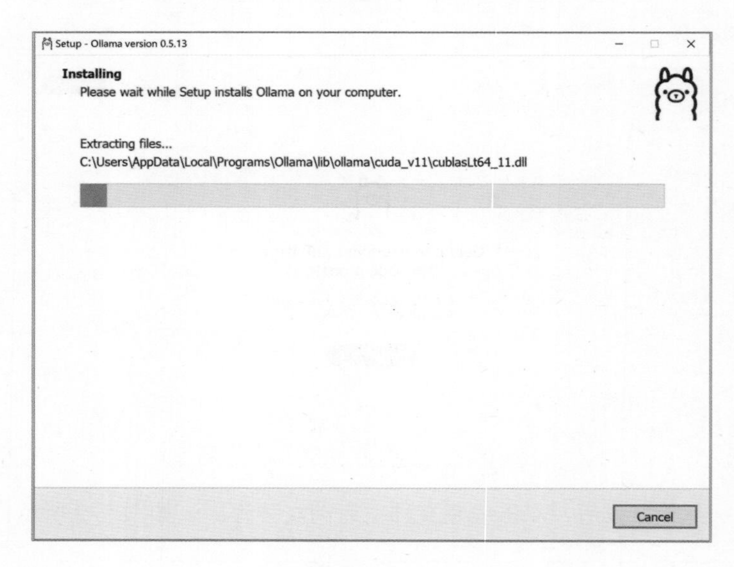

图 5-3

安装完成后，在系统的“开始菜单”中就可以看到“Ollama”的图标了。

我们也可以在命令行中输入指令“ollama -v”来验证是否安装成功。如图 5-4 所示，通过返回的信息可以看到，我已经成功安装了 ollama 0.5.13 版本。

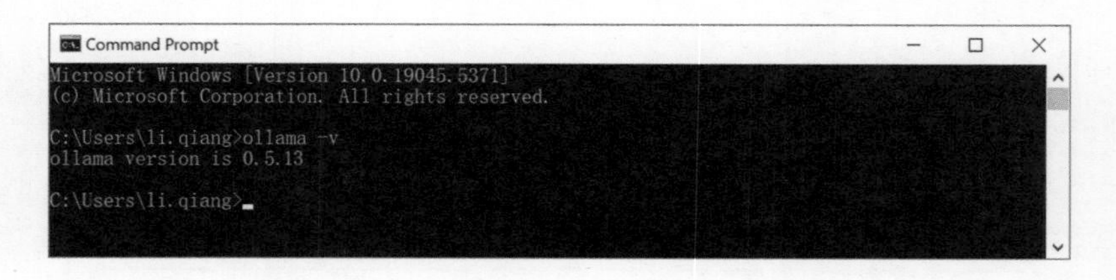

图 5-4

为了方便读者通过命令行使用 Ollama，下面给出 Ollama 的常用操作命令，如表 5-1 所示。

表 5-1　Ollama 的常用操作命令

命令	说明	示例
ollama -v	查看 Ollama 版本号	—
ollama pull *模型名称*	下载模型	ollama pull deepseek-r1:32b
ollama run *模型名称*	运行模型	ollama run deepseek-r1:32b
ollama list	查看已下载的模型	—
ollama rm *模型名称*	删除本地已下载的模型	ollama rm deepseek-r1:32b
ollama show *模型名称*	查看模型的详细信息	ollama show deepseek-r1:32b

5.2 本地化部署 DeepSeek-R1

我们可以在 Ollama 网站上查找并下载所需的 DeepSeek-R1 模型。在此之前，我们先来了解一下不同参数量的 DeepSeek-R1 模型的本地化部署硬件要求和适用场景，如表 5-2 所示。

表 5-2　不同参数量的 DeepSeek-R1 模型的本地化部署硬件要求和适用场景

模型版本	CPU	内存	可用硬盘容量	显卡	适用场景
DeepSeek-R1-1.5B	4 核及以上（推荐 Intel/AMD 多核处理器）	8GB 及以上	2GB 及以上	非必需（纯 CPU 推理），若使用 GPU 加速可选 4GB 及以上的显存（如 GTX 1650）	· 低资源设备部署（如树莓派、旧款计算机） · 实时文本生成（如聊天机器人、简单问答） · 嵌入式系统或物联网设备
DeepSeek-R1-7B	8 核及以上（推荐现代多核 CPU）	16GB 及以上	5GB 及以上	8GB 及以上的显存（如 RTX 3070/4060）	· 本地开发测试（中小型企业） · 中等复杂度 NLP 任务（如文本摘要、翻译） · 轻量级多轮对话系统
DeepSeek-R1-8B	8 核及以上（推荐现代多核 CPU）	18GB 及以上	6GB 及以上	8GB 及以上的显存（如 RTX 3070/4060）	· 需更高精度的轻量级任务（如代码生成、逻辑推理）

续表

模型版本	CPU	内存	可用硬盘容量	显卡	适用场景
DeepSeek-R1-14B	12 核及以上	32GB 及以上	10GB 及以上	16GB 及以上的显存（如 RTX 4090 或 A5000）	· 企业级复杂任务（合同分析、报告生成） · 长文本理解与生成(如图书、论文辅助写作)
DeepSeek-R1-32B	16 核及以上（如 AMD Ryzen 9 或 Intel i9）	64GB 及以上	20GB 及以上	24GB 及以上的显存（如 A100 40GB 或双卡 RTX 3090）	· 高精度专业领域任务（如医疗、法律咨询） · 多模态任务预处理（需结合其他框架）
DeepSeek-R1-70B	32 核及以上（服务器级 CPU）	128GB 及以上	45GB 及以上	多卡并行（如 2x A100 80GB 或 4x RTX 4090）	· 科研机构或大型企业（如金融预测、大规模数据分析） · 高复杂度生成式任务（如创意写作、算法设计）
DeepSeek-R1-671B	64 核及以上（服务器集群）	512GB 及以上	300GB 及以上（随实际应用场景变化）	多节点分布式训练（如 8x A100/H100）	· 国家级 / 超大规模 AI 研究（如气候建模、基因组分析） · 通用人工智能(AGI) 探索

为了达到较好的演示效果，本书选用 DeepSeek–R1–7B。7B 表示其参数规模为 7 billion（70 亿）。

在 Ollama 官网首页顶部的搜索栏中输入“DeepSeek”进行搜索，如图 5–5 所示。

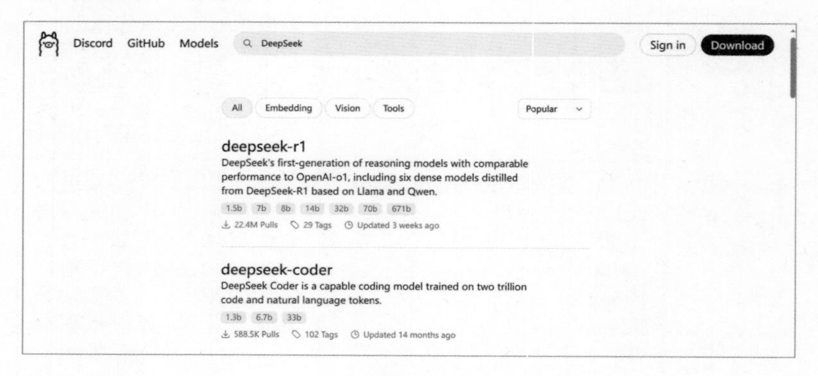

图 5–5

点击搜索结果第一位的“deepseek–r1”，进入图 5–6 所示页面。在左边下拉框中选择“7b”选项，可以看到右边文本框中出现了“ollama run deepseek–r1:7b”，复制该内容。

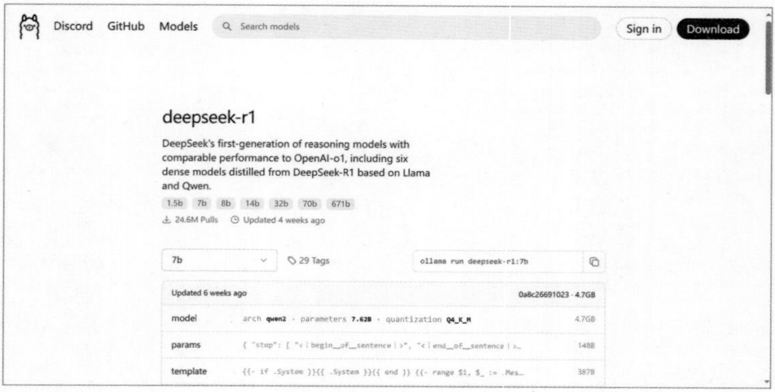

图 5–6

在命令行中粘贴“ollama run deepseek-r1:7b”并回车，下载模型，如图 5-7 所示。

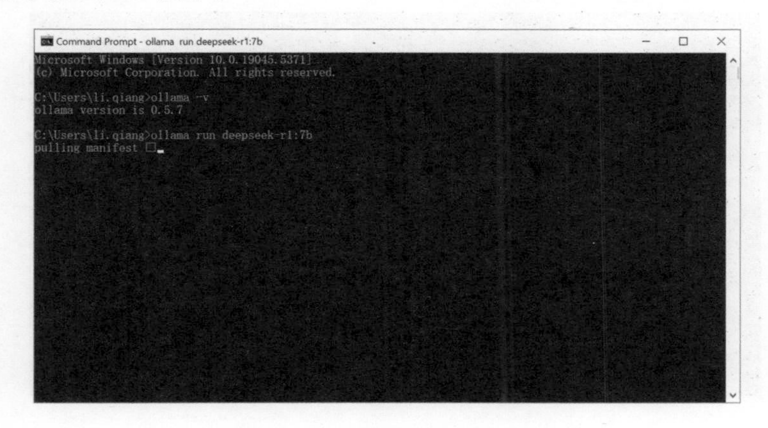

图 5-7

下载完成后，命令行中会显示“success”。

我们已经迫不及待地要试用了！尝试提问“你是谁？”，可以看到 DeepSeek 给出了回复，如图 5-8 所示。

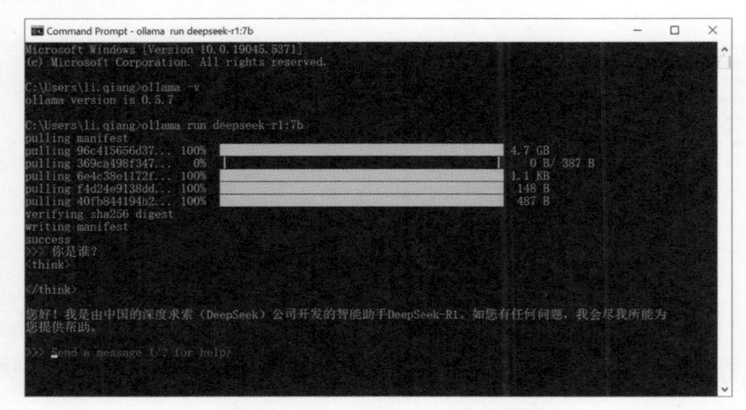

图 5-8

还可以要求 DeepSeek 写一段代码，如图 5-9 所示。

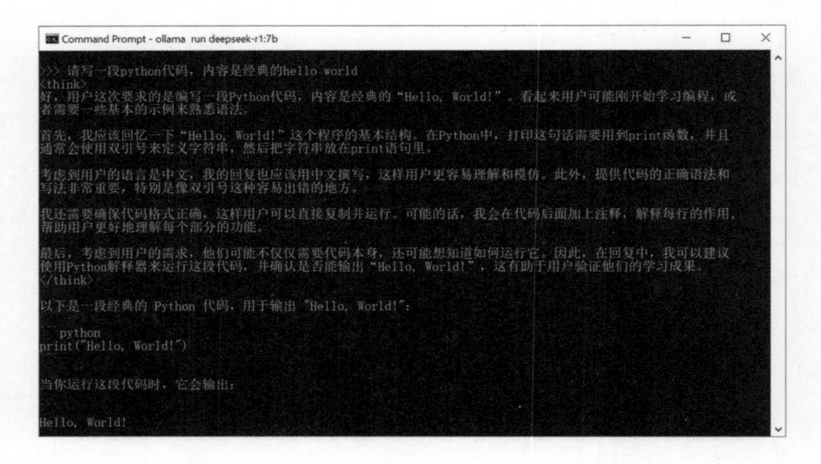

图 5-9

至此，DeepSeek 的本地化部署就完成了。但是现在只能在命令行中输入提示词，用户界面不太友好。如何才能搭建一个用户友好的 AI 交互界面呢？这就要靠 Chatbox AI 了！

5.3 使用 AI 交互界面工具 Chatbox AI

Chatbox AI 是一款 AI 客户端应用，支持众多先进的大模型及其 API，可以在 Windows、macOS、Linux、Android、iOS 等平台使用，也可以在浏览器中使用，旨在为用户提供便捷的智能交互体验，尤其适合需要在本地环境中安全使用大模型的用户。

Chatbox AI 具有以下特点。

- **多语言模型支持**。Chatbox AI 支持多种主流的大模型，如 DeepSeek、ChatGPT、Google Gemini Pro 等，还支持通过 Ollama 部署的本地模型，如 Llama2 和 Mistral。用户可以根据需求选择不同的模型。
- **本地数据存储**。所有聊天记录和数据存储在本地设备上，确保隐私和安全。
- **图像生成**。集成了 Dall · E 3 模型，以支持基于文字描述生成图像。
- **代码辅助**。提供代码生成、语法高亮、代码审查、代码优化等功能。
- **文档交互**。支持与 PDF、Word、Excel 等文档交互，可以提取文档中的内容并提供智能回复。
- **联网搜索**。实时联网搜索，获取最新信息，支持内容摘要和事实核查。
- **Markdown 和 LaTeX 支持**。适合学术写作和技术文档写作，支持格式化文本和复杂公式。
- **多语言支持**。支持汉语、英语、日语、韩语、法语、德语、俄语等多种语言。
- **团队协作**。支持团队共享 API 资源，提升协作效率。

打开 Chatbox AI 官网，如图 5-10 所示。选择所需版本进行下载。

图 5-10

下载完成后，双击安装文件，启动安装程序，如图 5-11 所示。

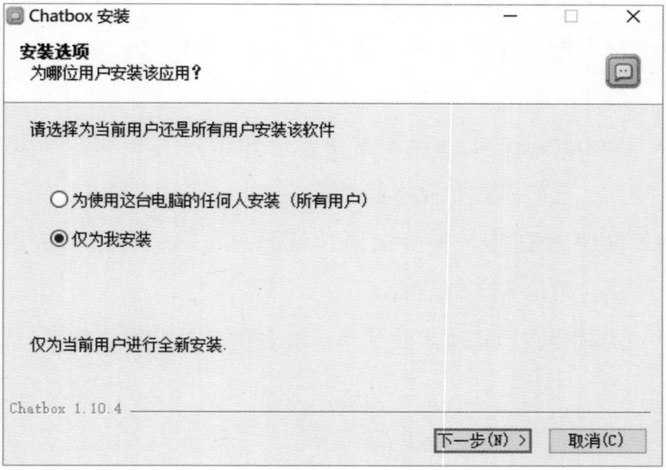

Chatbox 安装

安装选项

为哪位用户安装该应用？

请选择为当前用户还是所有用户安装该软件

○为使用这台电脑的任何人安装（所有用户）

◉仅为我安装

仅为当前用户进行全新安装.

Chatbox 1.10.4

下一步(N) >　取消(C)

图 5-11

点击“下一步”按钮，设置安装路径，如图 5-12 所示。

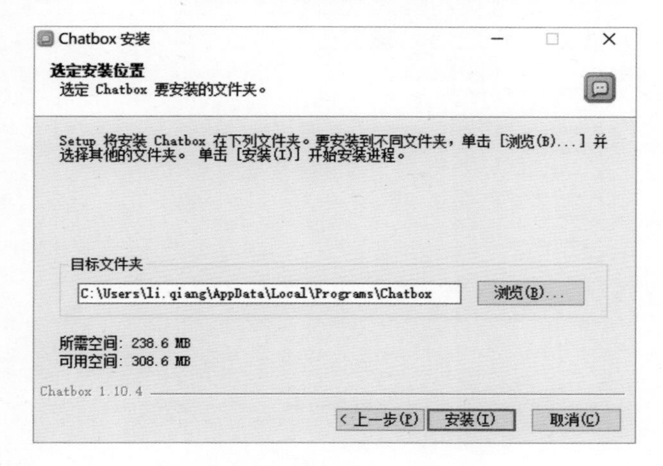

图 5–12

点击“安装”按钮，开始安装，如图 5-13 所示。

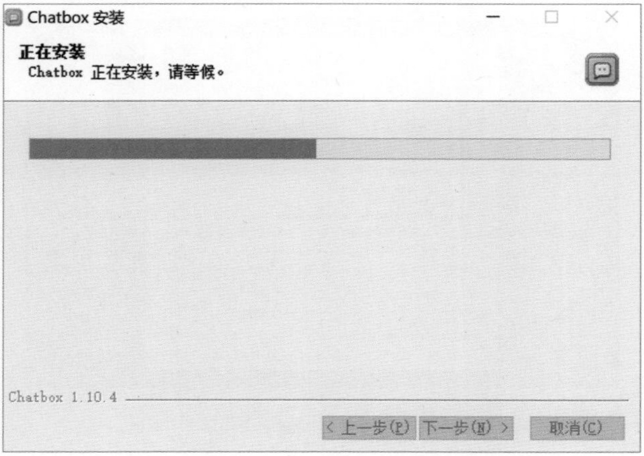

Chatbox 安装
正在安装
Chatbox 正在安装，请等候。
Chatbox 1.10.4
< 上一步(P) 下一步(N) > 取消(C)

图 5–13

安装完成后，运行 Chatbox，如图 5-14 所示。

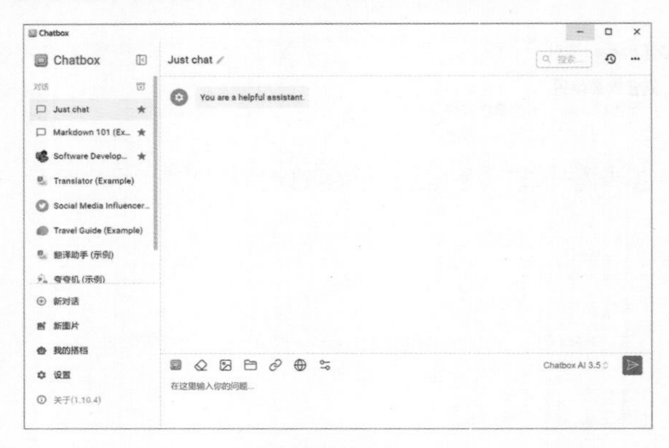

图 5-14

点击左下角的“设置”按钮，在弹出的“设置”窗口的“模型”选项卡中默认选择了我们之前安装好的 deepseek-r1:7b，直接点击窗口右下角的“保存”按钮，如图 5-15 所示。

图 5-15

现在 Chatbox 就可以在一个非常清晰友好的界面中调用我们本地化部署的 DeepSeek 了。我们来做一个测试，在 Chatbox 中用

DeepSeek 编写一个贪吃蛇的程序，如图 5-16 所示。

图 5-16

DeepSeek 编写的贪吃蛇程序示例如图 5-17 所示。

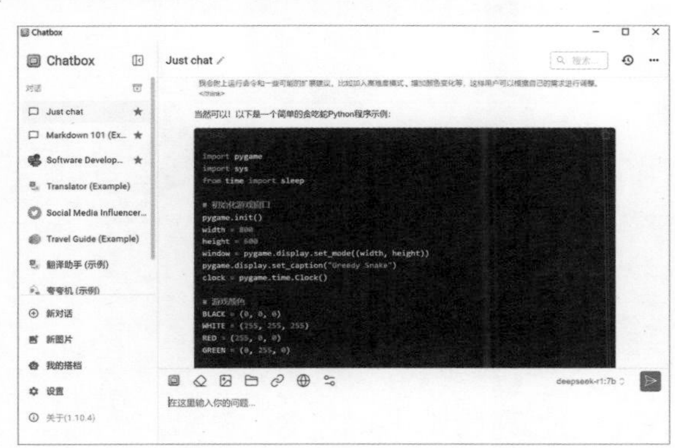

图 5-17

到目前为止，我们已经在本地部署好了 DeepSeek 大模型。但是使用起来还是会发现一些问题，尤其是在涉及一些专业领域知识的时候，大模型的回答可能会和我们的预期不相符。那么，有没有定制化 DeepSeek 的方法呢？当然有！第 6 章将介绍如何在本地把 DeepSeek 和个人知识库结合起来使用。

06

第6章 为DeepSeek构建个人知识库

通过构建本地的个人知识库来使用 DeepSeek，有如下好处。

- 数据在本地计算机上，可以确保数据安全和保护个人隐私，这一点对于企业来说尤为重要。
- 通用大模型缺少垂直领域的知识，每次提问前都需要提供背景信息、上传相关资料，才能得到相对高质量的回答。而在“本地大模型 + 个人知识库”的模式下，通过简单的提问就可以轻松得到精准的、定制化的结果。
- 使用时间越长，知识库越丰富，DeepSeek 回答问题的质量也就越高，形成正反馈。
- 无须联网也能使用。

既然有这么多好处，在本章中，我们就来学习一下如何在本地构建个人知识库。我们将基于本地化部署的 DeepSeek，并结合 AI 工具 Cherry Studio 和 RAG 技术，在本地计算机上搭建一个简单的智能客服系统。

6.1 认识和安装 Cherry Studio

Cherry Studio 是一个多功能的 AI 工具，它可以帮助用户在写作、编程、学习、研究和团队协作等场景中提高效率、优化流程和提升创造力。它通过集成多种 AI 模型和实用工具，满足不同用户在不同场景下的多样化需求。

Cherry Studio 的功能非常多，其中很重要的一项就是构建本地的个人知识库。用户可以通过 Cherry Studio 实现个人知识库的构建和管理，它支持多种方式添加数据，如添加文件、文件夹目录、网址链接等。

打开 Cherry Studio 官网，如图 6–1 所示。点击“下载”按钮进入软件下载页面。

图 6–1

下载完成后，双击安装文件，启动安装程序，如图 6–2 所示。

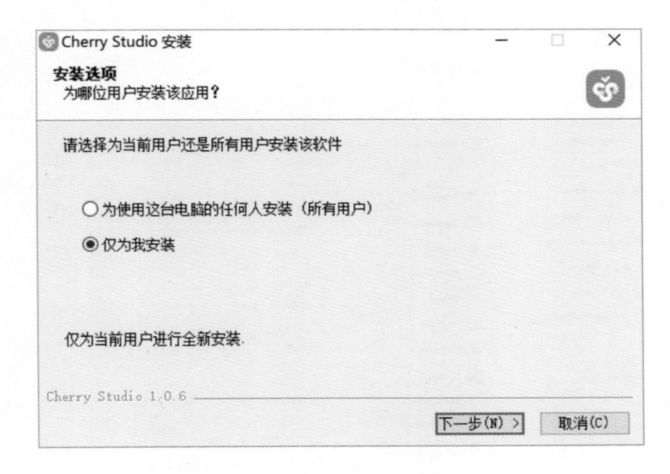

图 6–2

点击“下一步”按钮，进入图 6–3 所示界面，设置安装路径，点击“安装”按钮。

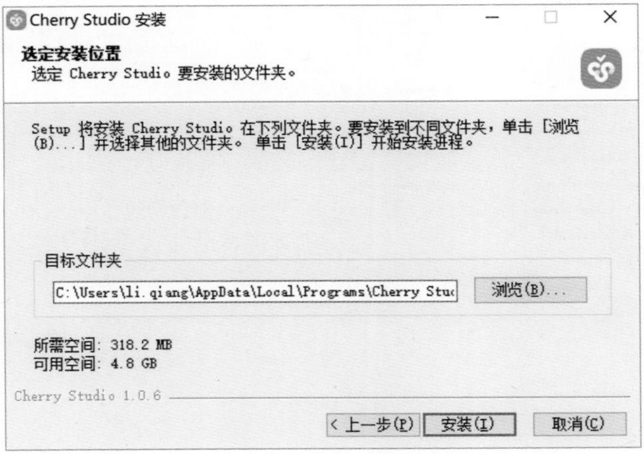

图 6–3

完成安装后，运行 Cherry Studio，点击左下角的设置按钮⚙，如图 6-4 所示。

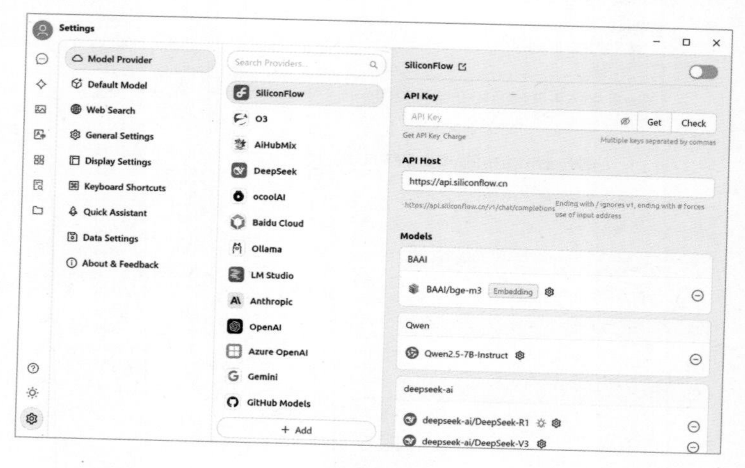

图 6-4

进入“General Settings”选项卡，将“Language”设置为“中文”，如图 6-5 所示。

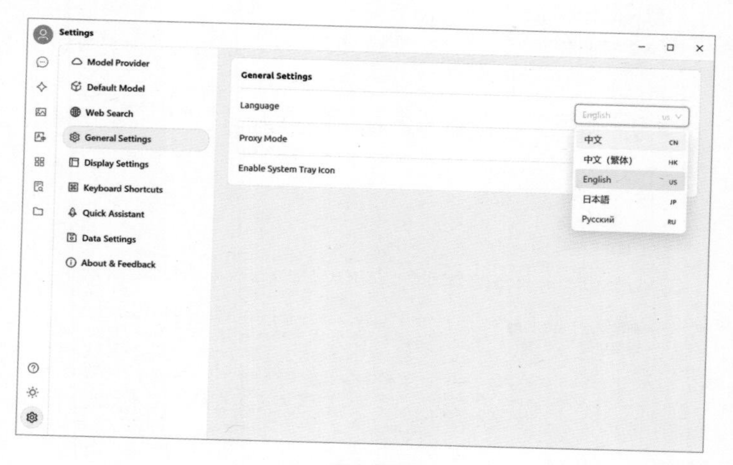

图 6-5

选择“模型服务”→“Ollama”，如图 6-6 所示。

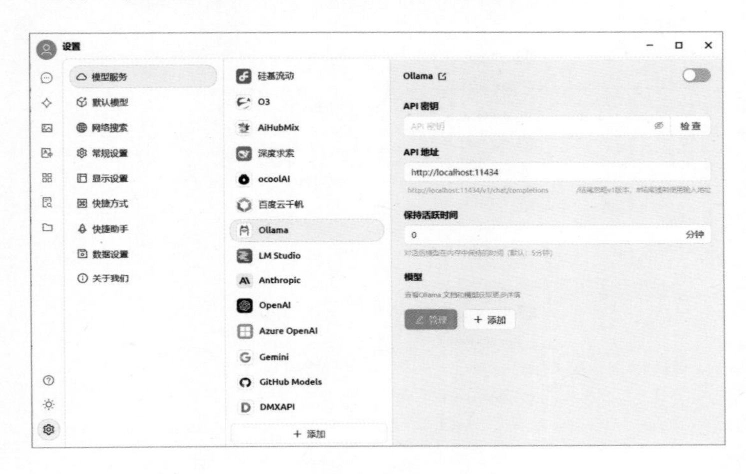

图 6-6

点击“管理”按钮，可以在弹出的对话框中看到我们通过 Ollama 安装好的 deepseek-r1:7b，如图 6-7 所示。

图 6-7

点击 deepseek-r1:7b 右边的“+”按钮，就可以加载这个模型了，如图 6-8 所示。

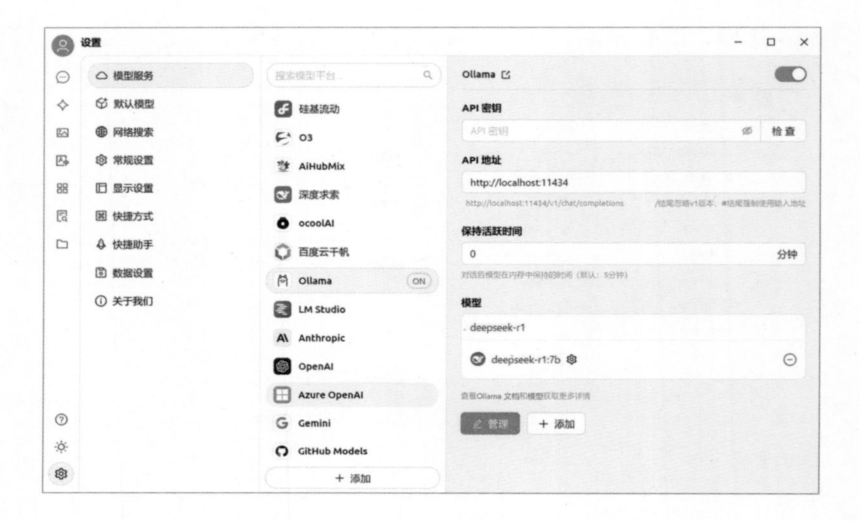

图 6-8

为了构建个人知识库以使用本地化服务，还需要在 Ollama 中安装一个嵌入模型，用于将文本数据转换为向量表示。这里我们选择安装 BGE-M3 嵌入模型。

BGE-M3 嵌入模型是一种强大的文本向量表示模型，广泛应用于自然语言处理等多个领域，能够将文本转换为高维向量，通过计算向量之间的相似度来实现高效的文本检索。读者可以先按照说明完成安装配置，6.2 节将详细地介绍 BGE-M3 嵌入模型的相关知识。

在命令行中输入命令“ollama pull bge-m3”来安装 BGE-M3 嵌入模型，如图 6-9 所示。

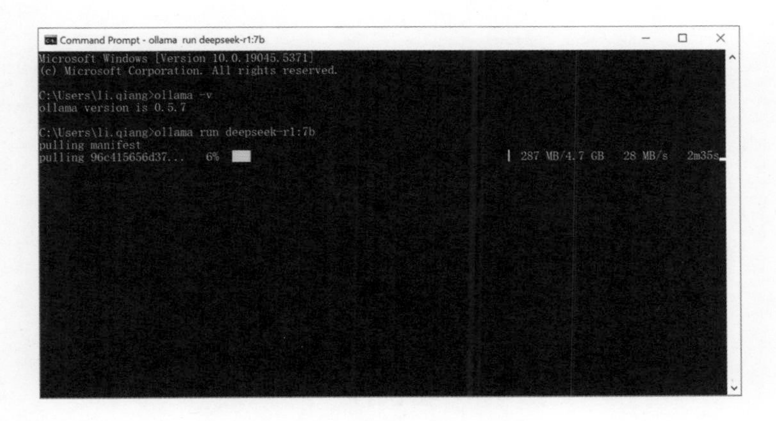

图 6-9

安装成功后，命令行中会显示“success”，如图 6-10 所示。

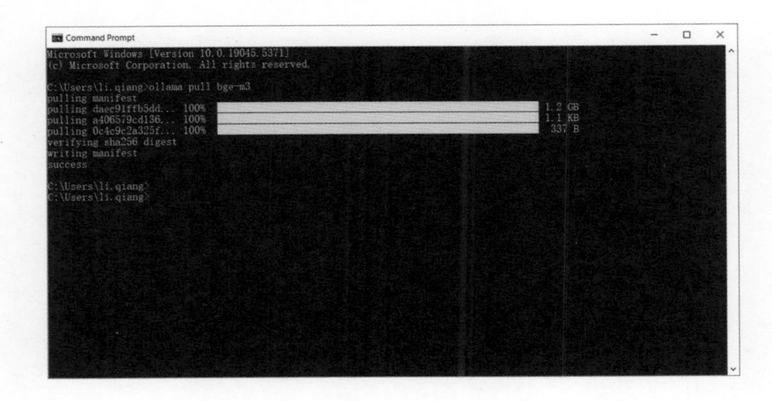

图 6-10

回到 Cherry Studio，在 Ollama 的设置页面中再次点击“管理”按钮，在弹出的窗口中可以看到安装好的 BGE-M3，点击其右边的“+”按钮，如图 6-11 所示。

图 6-11

我们可以看到 BGE-M3 模型也加入到 Ollama 中了，如图 6-12 所示。

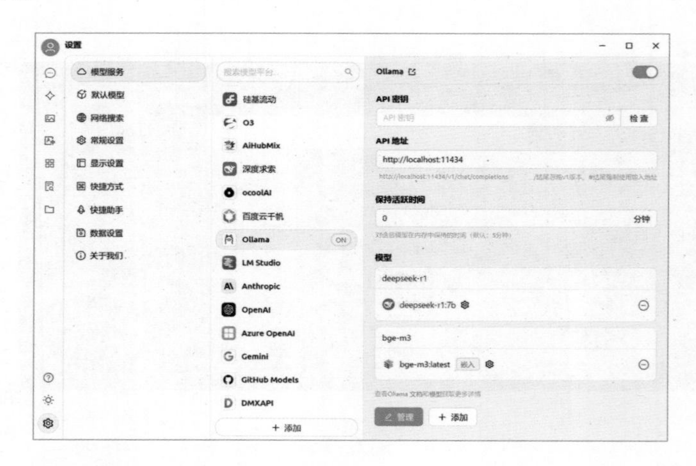

图 6-12

点击 Cherry Studio 左边栏中的“知识库”按钮，接着点击“添加”按钮，在弹出的对话框中选择嵌入模型“bge-m3:latest”，如图 6-13 所示。

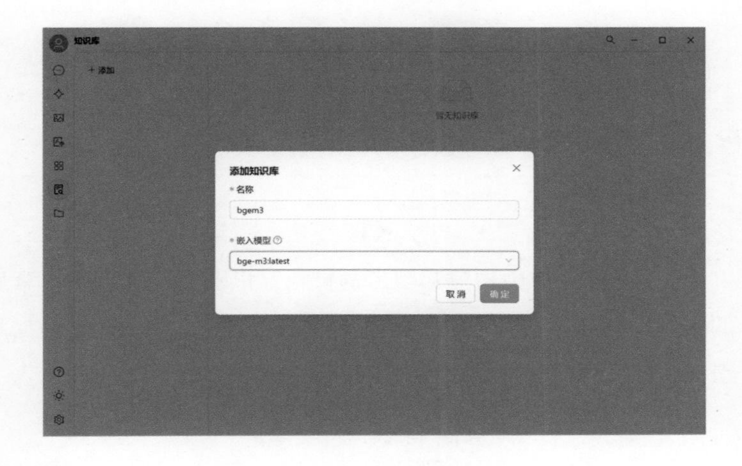

图 6–13

至此，本地的 AI 知识库就构建好了，如图 6–14 所示。但是目前知识库中还没有知识内容。

图 6–14

6.2 构建个人知识库所需的技术

为了理解 6.1 节中构建知识库的操作，以及更好地理解本章后面的实例，我们需要先了解一些基础知识和概念，包括向量数据是什么，为什么要进行数据向量化，以及 RAG 的概念和应用等。

6.2.1 数据向量化

我们日常生活中用到的很多数据，都是结构化数据。结构化数据是按照预先定义的结构和格式组织的数据，通常具有明确的字段和记录结构，类似关系数据库中的表结构。因此，结构化数据通常以表格形式存储，每个记录都有固定的字段，如姓名、年龄、地址等。结构化数据形式适用于关系数据库，如 SQL 数据库。

向量是数学中的一个概念，通常指一个有序的数值序列，可以表示为一维数组（行向量或列向量）。向量数据以向量的形式表示数据，可以很方便地存储和表示图像、音频、视频等非结构化数据的特征和语义。向量数据具有数学表达简洁、数据表示统一、支持复杂的模型结构、便于分析和可视化等众多优点，能够充分利用现代计算框架的优势，实现高效的数据处理和模型训练。因此，在数据科学和机器学习中，向量数据成为处理和分析数据的基本形式。

数据向量化，就是要将数据转换为机器学习和深度学习算法能够处理的向量的形式。

个人知识库能够整合多种类型的数据源，方便用户根据需求灵活构建和管理知识库。Cherry Studio 是为个人知识库实现数据向量化的有力工具，它支持各种数据格式和数据内容的向量化。

- 可以把本地文件直接拖动到知识库中，Cherry Studio 会对文件进行向量化处理。
- 可以把整个文件夹都添加到知识库中，Cherry Studio 会自动处理文件夹中它所支持格式（如 PDF、DOCX、TXT、MD 等）的所有文件，并将它们向量化。
- 可以将特定网页的 URL 添加到知识库中，Cherry Studio 会尝试抓取网页中的内容并进行向量化处理。
- 可以向知识库中添加站点地图，Cherry Studio 会根据站点地图抓取网站中的多个页面内容并进行向量化。
- 可以直接在 Cherry Studio 中输入自定义的文本内容，Cherry Studio会将这些内容作为知识库的一部分进行向量化处理。

在 Cherry Studio 中构建知识库时，数据向量化是指将用户上传的内容转换为向量，具体步骤如下。

1. **文本提取：**从文件或网页中提取文本内容。

2. **预处理：**对文本进行分词、数据清洗等操作。

3. **嵌入模型处理：**使用嵌入模型（如 BGE-M3）将文本转换为向量。

4. **存储向量：**将向量存储到知识库中，以便后续的检索和问答。

6.2.2 RAG 技术

检索增强生成（Retrieval-Augmented Generation，RAG）是一种在大模型中提升回答质量和准确度的技术方法。RAG 技术可以使大模型在回答问题时能够参考外部知识库。RAG 技术的核心流程如下。

1. 检索（Retrieval）：用户输入问题后，嵌入模型首先对问题的内容进行向量化处理，然后在知识库的向量数据库中检索与该问题最相关的信息。

2. 增强（Augmented）：将检索到的信息作为上下文输入，增强大模型对问题的理解程度。

3. 生成（Generation）：将检索到的信息与用户的原始问题相结合，作为新的提示词送入大模型，生成最终的回答。

RAG 技术通过“检索—增强—生成”的流程，将信息检索与内容生成相结合，显著提升了大模型在知识密集型任务中的表现。其核心优势在于能够实时获取外部知识，减少 AI 幻觉，并生成更准确、相关性更强的内容。

6.2.3 在 Cherry Studio 中为 RAG 做数据准备

在 Cherry Studio 中构建知识库时，数据向量化处理和实施 RAG 技术的具体步骤如下。

1. 构建知识库：在 Cherry Studio 中构建知识库，并选择嵌入模型（如 BGE-M3）。

2. 添加文件并向量化：将文档、文件夹、网址或纯文本添加到知识库中，系统会自动进行向量化处理。

3. 检索与生成：在对话中引用知识库时，Cherry Studio 会通过向量化检索找到相关知识片段。

下面通过具体的操作，来看看如何在 Cherry Studio 中实现知识库的数据向量化，以便为 RAG 做好准备。我们将构建一个智能客服的知识库。

首先，我们准备一个存储了智能客服标准解决方案的 Excel 文档“智能客服.xlsx”。文档中共有 5 列，分别是“ID”“用户问题”“意图分类”“解决方案”和“大类”，如图 6–15 所示。显然，这还是适合用关系数据库存储的结构化数据。

	A	B	C	D	E
1	ID	用户问题	意图分类	解决方案	大类
2	1	我的订单在哪里？	查询订单状态	请提供订单号，我将为您查询订单的最新状态。	用户咨询类
3	2	我的包裹什么时候到？	查询物流信息	您的包裹预计将在3天内送达。您可以通过物流单号在快递官网查询详细信息。	用户咨询类
4	3	我想取消订单	订单取消	您可以在订单详情页申请取消订单。如果订单已发货，您可能需要联系卖家协商处理。	用户咨询类
5	4	我的订单显示已发货，但我没有收到	查询物流异常	建议您先联系物流客服查询包裹情况。如果仍未解决，可申请客服介入处理。	用户咨询类
6	5	我想修改订单地址	修改订单信息	订单一旦提交，通常无法修改地址。建议您取消订单后重新下单。	用户咨询类
7	6	这款手机的电池续航如何？	商品详情咨询	该手机配备4500mAh电池，支持一天的正常使用。	商品咨询类
8	7	这件衣服的尺码如何选择？	商品尺码咨询	建议您参考商品详情页的尺码表，根据您的身高体重选择合适的尺码。	商品咨询类
9	8	这款产品的保修政策是什么？	售后咨询	该产品提供一年质保，质保期内非人为损坏可免费维修或更换。	商品咨询类
10	9	这款产品的颜色有哪些可选？	商品颜色咨询	该产品提供黑色、白色、红色3种颜色可选。	商品咨询类

图 6–15

在 Cherry Studio 中，点击左侧的“知识库”按钮，把“智能客服.xlsx”文件添加到知识库中，如图 6–16 所示。现在文件右边有一个小蓝点，这表示当前文件正在向量化过程中。

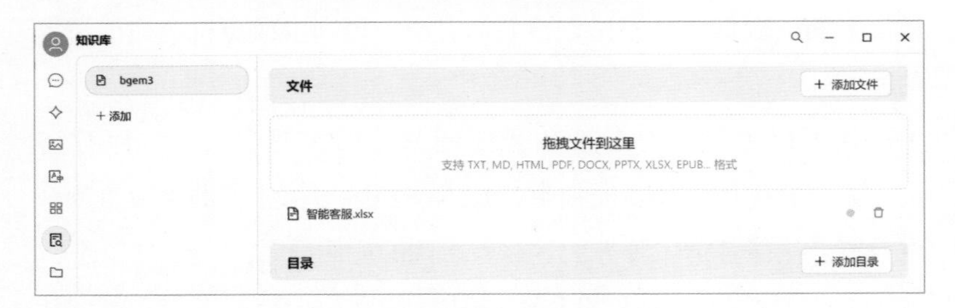

图 6–16

完成向量化后，这个蓝点就变成了绿色对勾，如图 6-17 所示。

图 6-17

至此，我们就在 Cherry Studio 中完成了数据向量化，并且为应用 RAG 做好了准备。

6.3 搭建智能客服系统

正如 6.2.2 小节介绍的，RAG 技术和大模型相结合，能够提高回答的准确度和相关度，减少 AI 幻觉，并且支持实时更新，可以访问最新的数据，从而让大模型针对用户提问生成更符合当前情境的回答。

基于以上优点，RAG 在智能问答（如客服、教育、医疗咨询）、内容生成（如新闻报道、技术文档编写）、辅助决策（如金融投资、法律咨询）等方面，有着广阔的应用前景。

本节利用 DeepSeek 和 RAG 技术，搭建一个智能客服系统，让读者体验一下其应用效果。

6.3.1 设置智能客服

在 Cherry Studio 中，点击左上角的“助手”按钮⊖，进入图 6–18 所示界面，然后点击“添加助手”按钮。

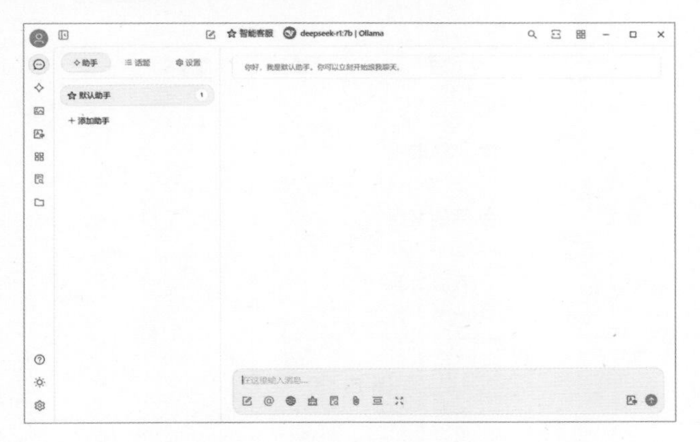

图 6–18

此时会弹出一个窗口，在搜索框中输入“智能客服”，搜索结果如图 6–19 所示。

图 6–19

点击搜索出的“智能客服”右侧的“新建”按钮，这样我们就创建了一个自己的“智能客服”助手，如图 6–20 所示。

图 6–20

选中这个“智能客服”，单击鼠标右键，选择“编辑助手”，如图 6–21 所示。

图 6–21

弹出“智能客服”的编辑框，如图 6–22 所示。

图 6-22

在“提示词”栏中输入如下内容。

请严格遵循以下工作流程处理客户提问。

1. 知识库优先检索。
- 自动解析用户问题的核心关键词（3~5 个）。
- 在知识库中执行多维度检索：
-- 精确匹配检索（匹配用户问题）；
-- 语义相似度检索（余弦相似度 > 0.85）。

2. 回答生成机制。
[if 知识库中存在匹配内容]
☑ 必须执行：
① 结构化输出知识库中的内容；

② 标注信息出处（如文件名）；
③ 转换为客户友好型话术。

[else if 知识库中无匹配内容但可推断]
◯ 允许执行：
① 生成基于行业规范的标准解决方案；
② 显著标注“根据通用实践建议：”；
③ 添加免责声明“具体实施请以正式文件为准”。

[else]
❎ 禁止猜测性回答：
① 执行预设响应“您的问题已记录，我们将于 24 小时内提交书面答复”；
② 自动生成工单并发邮件通知相关负责人。

示例响应：
[问题] 我想购买健身器材
[解决方案] 我们有多种健身器材，如哑铃、瑜伽垫、健身车等，您可以在健身分类中选择。
[依据来源] 知识库文件：智能客服.xlsx

这段提示词首先规定了“知识库优先检索”，并且定义了检索方式，然后规定了回答机制，并且给出了一个示例。为了便于读者理解，这里简单介绍一下这段提示词的策略。

知识库优先检索（Knowledge Base Priority Retrieval）是一种优化策略，通常用于 RAG 技术或其他基于知识库的系统中。它的基本思路是，在检索过程中，优先从预定义的知识库中查找信息，而不是从更广泛的数据源中检索，从而提高检索的效率、准确性和安全性。因此，提示词中的“知识库优先检索”部分，是在规定智能助手的检索策略。

余弦相似度（Cosine Similarity）用于衡量两个向量在方向上的相似程度，常用于文本分析、推荐系统、图像处理等领域。提示词中的“余弦相似度>0.85”指定了衡量检索结果相关性的指标。

这段提示词规定的回答机制分为 3 种情况：

- 如果知识库中存在匹配内容，该怎么做；
- 如果知识库中不存在匹配内容，但是可以推断，该怎么做；
- 如果上述条件都不满足，执行预设响应，明确禁止猜测性回答，从而有效减少大模型的 AI 幻觉。

2.3.3“条件触发器”中介绍过使用这种类型提示词的技巧。

设置好的提示词如图 6-23 所示。

图 6-23

至此，智能客服助手就设置好了。下面通过几个问答示例，来看看它的应用效果吧！

6.3.2 智能客服的应用示例

我们通过 3 个问题来测试一下这个智能客服，看看能否用它替代真人客服。

示例 1：我怎么联系客服人员？

我怎么联系客服人员?

针对这个问题，我们希望智能客服参照“智能客服.xlsx”文档中 ID 为 71 的条目进行回答，如图 6–24 所示。

	A	B	C	D	E
1	ID	用户问题	意图分类	解决方案	大类
70	69	我的运动损伤怎么处理？	健康服务咨询	建议您先休息，避免活动受伤部位，必要时可咨询医生或使用运动损伤修复产品。	健康与健身类
71	70	我想购买一款适合孕妇的营养品	健康产品咨询	我们有多种孕妇营养品，如叶酸。	健康与健身类
72	71	我想联系客服	服务咨询	请拨打电话12345678	社交与互动

图 6–24

下面来看看智能客服是怎么回答的，如图 6–25 所示。

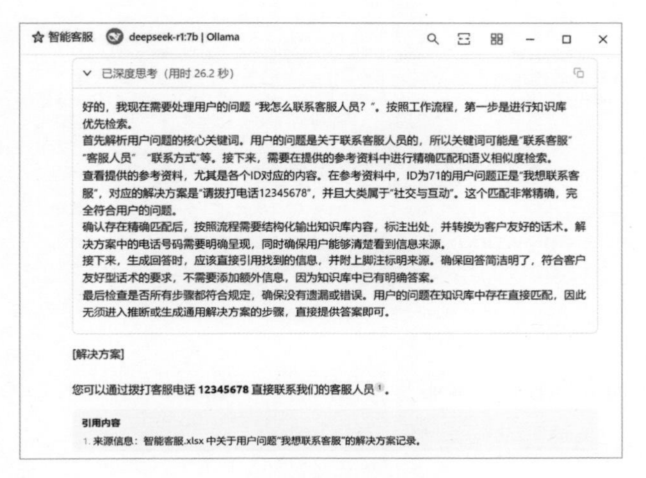

图 6–25

这个问题满足精确匹配的条件，因此，智能客服直接给出了知识库中的解决方案，符合我们的预期。

示例 2：我想退货，怎么处理？

我想退货，怎么处理？

针对这个问题，我们希望智能客服参照“智能客服.xlsx”文档中ID 为 10 的条目进行回答，如图 6–26 所示。

	A	B	C	D	E
1	ID	用户问题	意图分类	解决方案	大类
10	9	这款产品的颜色有哪些可选？	商品颜色咨询	该产品提供黑色、白色、红色3种颜色可选。	商品咨询类
11	10	这款产品支持七天无理由退换吗？	售后咨询	是的，该产品支持七天无理由退换，但需保持商品完好，不影响二次销售。	商品咨询类
12	11	我的支付失败了怎么办？	支付问题	请检查您的支付方式是否正确，或尝试更换支付方式。如果问题仍未解决，请联系客服。	支付与退款类
13	12	我申请了退款，为什么还没到账？	退款进度咨询	退款通常需要3~5个工作日到账，具体时间取决于支付平台和银行处理速度。	支付与退款类
14	13	我想申请退款	退款申请	您可以在订单详情页中申请退款，选择退款原因并提交申请。	支付与退款类
15	14	退款申请提交后，我需要做什么？	退款流程咨询	提交退款申请后，您无须做其他操作，等待退款到账即可。	支付与退款类

图 6–26

下面来看看智能客服是怎么回答的，如图 6–27 所示。

图 6–27

可以看出，智能客服不仅注意到了用户的退货需求，还找到了和退货相关的项目——退款，所以它不仅回答了退货的要求，还给出了退款方式及退款到账的时间。智能客服对这个问题的回答超出了我们的预期。

示例 3：回收旧手机吗？

回收旧手机吗？

这个问题在“智能客服.xlsx”文档中没有对应的解决方案，所以应该触发预设的响应机制。

下面来看看智能客服是怎么回答的，如图 6-28 所示。

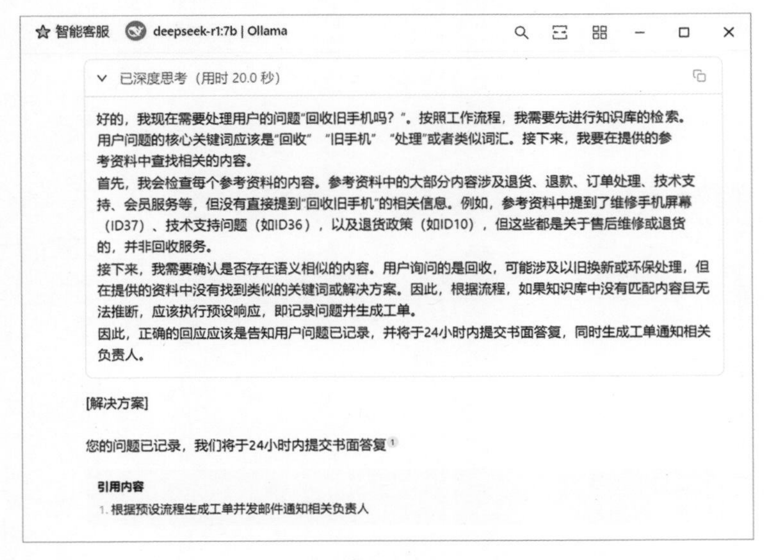

图 6-28

可以看出，智能客服在精确匹配和语义相似度检索都不满足条件的情况下，触发了预设响应机制，符合我们的预期。